欢迎来到无线电知识的殿堂。

—— 甘本祓

百科经典科普阅读丛书

生活在电波之中

甘本袚 著

中国大百科全书出版社

图书在版编目（CIP）数据

生活在电波之中 / 甘本祓著. --北京：中国大百科
全书出版社，2020.8
ISBN 978-7-5202-0793-5

Ⅰ．①生… Ⅱ．①甘… Ⅲ．①无线电通信−普及读物
Ⅳ．①TN92-49

中国版本图书馆CIP数据核字（2020）第132594号

出 版 人：刘祚臣
责任编辑：程忆涵
封面设计：吾然设计工作室
责任印制：邹景峰
出版发行：中国大百科全书出版社
地　　址：北京市西城区阜成门北大街17号　　　　邮编：100037
网　　址：http://www.ecph.com.cn　　　　电话：010-88390718
图文制作：鑫联必升文化发展有限公司
印　　刷：北京九天鸿程印刷有限责任公司
字　　数：100千字
印　　张：4.5
开　　本：889毫米×1194毫米　1/24
版　　次：2020年10月第1版
印　　次：2024年3月第2次印刷
书　　号：978-7-5202-0793-5
定　　价：48.00元

丛书序

科技发展日新月异，"信息爆炸"已经成为社会常态。

在这个每天都涌现海量信息、时刻充满发展与变化的世界里，孩子们需要掌握的知识似乎越来越多。这其中科学技术知识的重要性是毋庸置疑的。奉献一套系统而通彻的科普作品，帮助更多青少年把握科技的脉搏、深度理解和认识这个世界，最终收获智识成长的喜悦，是"百科经典科普阅读"丛书的初心。

科学知识看起来繁杂艰深，却总是围绕基本的规律展开；"九层之台，起于累土"，看起来宛如魔法的现代科技，也并不是一蹴而就。只要能够追根溯源，理清脉络，掌握这些科技知识就会变得轻松很多。在弄清科学技术的"成长史"之后，再与现实中的各种新技术、新名词相遇，你不会再感到迷茫，反而会收获"他乡遇故知"的喜悦。

丛书的第一辑即将与年轻读者们见面。其中收录的作品聚焦于数学、物理、化学三个基础学科，它们的作者都曾在各自的学科领域影响了一整个时代有志于科技发展的青少年：谈祥柏从事数学科普创作五十余载、被誉为"中国数学科普三驾马车"之一；甘本祓创作了引领众多青少年投身无线电事业的《生活在电波之中》；北京大学化学与分子工程学院培养了中国最早一批优秀化学专业人才……他们带着自己对科技发展的清晰认知与对青少年的殷切希望写下这些文字，或幽默可爱，或简洁晓畅，将一幅幅清晰的科学发展脉络图徐徐铺展在读者眼前。相信在阅读了这些名家经典之后，广阔世界从此在你眼中将变得不同：诗歌里蕴藏着奇妙的数学算式；空气中看不见的电波载着信号来回奔流不息；元素不再只是符号，而是有着不同面孔的精灵，时刻上演着"爱恨情仇"……

"百科经典科普阅读"丛书既是一套可以把厚重的科学知识体系讲"薄"的"科普小书"，又是一套随着读者年龄增长，会越读越厚的"大家之言"。它简洁明快，直白易懂，三言两语就能带你进入仿佛可视可触的科学世界；同时它由中国乃至世界上最优秀的一批科普作者擎灯，引领你不再局限于课本之中，而是到现实中去，到故事中去，重新认识科学，用理智而又浪漫的视角认识世界。

愿我们的青少年读者在阅读中获得启迪，也期待更多的优秀科普作家和经典科普作品加入到丛书中来。

中国大百科全书出版社

2020 年 8 月

目 录

其名为"波"

电与磁的连环谜题

电波解语：从正弦波开始

飞翔吧，电波！

能再远一点吗？

开头的话

我们的眼睛能看见东西，是光波的作用。

我们的耳朵能听见声音，是声波的作用。

有一种波，我们既看不见，也听不到，但是它像空气一样，弥漫在我们周围，无时无刻不在为我们服务。

海防、边防，靠它警戒；飞机、舰船，靠它导航；导弹、卫星，靠它控制；广播、电视，靠它传送；灭虫、育种，靠它帮忙……它的用途日新月异，层出不穷。可以毫不夸张地说，我们虽然不熟悉它，但是我们生活在它之中。

你猜，这是什么波？

这就是电波！

你一定很想知道，这个用眼睛看不见、用耳朵听不到、用手摸不着的电波，为什么有无穷的妙用？它是怎么被人发现的？又怎么被人利用？它具有什么特性？它的秘密在哪里？

在这本书里，我们就要谈谈这些问题。

本书术语解释

电 磁 波： 在空间传播的周期性变化的电磁场。无线电波、红外线、可见光、紫外线、X 射线、伽马射线等都是波长不同的电磁波。有时特指无线电波。

无线电波： 无线电技术中使用的电磁波，波长从 0.1 毫米到 100 兆米以上。可分为长波、中波、短波、微波等。

电 波： 指无线电波。

其名为『波』

波是什么

在丰富多彩的自然界中，除了电波以外，还有水波、光波、声波、地震波……这些波有的看不到，有的听不见，有的摸不着，但是有许多共同的特点。

因此，我们在认识电波之前，首先来谈谈波。

波是一种很平常的物理现象。有些波是可以看见的，我们都看见过。

在随便哪一个湖泊水塘里，你都可以看到波的现象：一阵风吹过水面，水面上立刻会掀起一层一层波浪，顺着风向前进。

仔细研究起来，这种常见的水波，包含着非常丰富的学问。

从很古的时候起，人类就注意观察水波了。十五世纪，意大利的达·芬奇在观察了水波以后，做过这样的描写："波动的传播要比水快得多，因为常常有这样的情况：波已经离开它产生的地方，水却没有动。这很像风在田野里掀起的麦浪。我们看到，麦浪滚滚地在田野里奔逐，但是麦子仍旧留在原来的地方。"

水波滚滚向前，水却原地不动，这个结论似乎太奇怪了，但是这是正确的。你要是不相信，可以做一个简单的实验：把一个软木塞扔到水塘里，等水面平静了，再扔一块小石子。你会看到水面上掀起一圈套一圈的波纹，一凸一凹，向外扩散，越传越远。可是，水面上的软木塞仍旧在原来的地方，随着水波上下起伏，并没有跟着水波漂到远处去。这就是说，传播开去的是波，不是水。

水里起波，而波又不是水，那么，波究竟是什么？

用物理学的术语来说：波是物质运动的一种形式，是振动和能量的传播。

我们还用刚才的例子来说明：

小石子落在水里，水面上掀起了水波，软木塞为什么会随着水上下振动呢？这是因为，小石子落下的能量，由水波传到了软木塞上。软木塞为什么只是在原地振动，而不向水波运动的方向移动呢？这是因为小石子的能量是由水的微粒一个挨一个地传递的，微粒本身只做振动。这种传递能量的方式就叫波动，简单地说，就叫波。

你如果再观察得仔细一点，还可以发现：水波是沿着水平面的方向前进的，它的起伏却垂直于水平面。人们把这种起伏方向和传播方向互相垂直的波叫"横波"。不仅水波是横波，用特定的仪器进行观察，可以发现，在空间，无线电波和光波也都是这样的横波。

你也许会问：是不是所有的波都是横波呢？不是的，也有一些波，它们的波动方向和传播方向相同。这样的波叫"纵波"。声波就是纵波。

为了进一步弄清楚纵波和横波的区别，让我们简单说说声波是怎样发生的吧。

我们打鼓的时候，鼓皮受到鼓槌的打击便发生振动，时而向外鼓，时而向里凹。当鼓皮向外鼓的时候，贴近它的一层空气，由于受到压力，其中的气体微粒便挤得比较密；而当鼓皮向里凹的时候，这些气体微粒也跟着变疏了。鼓皮不停地振动，气体微粒也就一会儿密，一会儿疏，发生了振动，形成了疏密波。这种疏密波也就是声波。声波一层一层向前传，进入人的耳朵，使耳朵里的鼓膜也发生了相应的振动，于是，人就听到了声音。

在这里，空气是传播声波的媒介，如果没有空气，就听不到声音。空气疏密振动的方向和传播的方向是一致的，而不是互相垂直的，所以它不是横波，而是纵波。

为了对波有一个更加形象的了解，你可以再做一个抖绳起波的实验：取一根粗一点的绳子，用手握住一头，一上一下地抖动。你就会看到，绳子会像水波一样运动起来。

　　在这根绳子上涂上一个带颜色的点，你就会发现，在抖动绳子的时候，这个点时而向上，时而向下，正和软木塞在水波上的运动一样。

波的计算

现在可以说，你对波已经有了初步的感性认识，可是还远远不够。我们还应该认识波的特征，并且进行一些关于波的计算。

无论研究什么波，都应当了解它的频率、波长和波速。

我们先来讲讲什么是频率？

频率就是单位时间内完成振动的次数。以抖绳起波为例，频率就是你在每秒钟内抖动绳子的次数，一上一下算一次，一秒钟内抖动多少次，叫作"每秒多少周"，所以频率的单位就是"周/秒"。平常也有人就把它叫"多少周"，这样说是不够严密的，因为少说了"每秒"两个字。不过，只要你心里记住这一点，这样叫似乎简便些。国际上通用的频率单位叫"赫兹"。一赫兹就是一周/秒。为什么叫赫兹呢？赫兹本来是十九世纪德国一个物理学家的名字。是他第一个用人工方法产生了无线电波，证明了无线电辐射的可能性。用"赫兹"作为频率的单位，就是为了纪念他。

在无线电技术中，有时候还嫌赫兹这个单位太小，而用它的倍数做单位，常用的是它的一千倍，即每秒一千周，叫作"千赫兹"，简称"千赫"。一千个千赫，即每秒一百万周，称为"兆赫"。每秒十亿周就是一千兆赫，称为"吉赫"。收音机度盘上就印有频率数。

赫兹

知道了一秒钟振动多少次，也就容易算出振动一次需要多少时间。振动一次所花的时间，人们把它叫作"周期"。周期和频率的关系是很简单的。例如已知频率为五十赫，求周期。这就相当于算这样一个算术题：五十周用了一秒，问一周用多少秒？这只要拿五十去除一就行了，答案是 0.02 秒。写成公式就是：

$$周期 = \frac{1}{频率}$$

由上面这个例子可以看出，周期的数值常常是比较小的。五十赫这样低的频率，周期就只有百分之二秒。在日常生活中，一秒钟，人们已经觉得很短，百分之二秒，就更不容易察觉了。如果频率高到几吉赫，那么周期就会小到无法用"秒"计算了。

实际应用中，为了写和读的方便，人们把千分之一秒叫"毫秒"，百万分之一秒叫"微秒"，把十亿分之一秒，或者说一个微秒的千分之一叫"毫微秒"。例如，一部工作频率为十吉赫的雷达，它辐射的电波的周期只有十分之一毫微秒。这样短暂的时间，人的感官是根本无法感觉和判断的，只能靠特定的仪器来测量。

尺有所短，寸有所长

现在我们来研究波长。波长也是描述波的特征的一个很重要的量。

我们还是用抖绳起波做例子。当你不停地抖动绳子的时候，绳子就会发生起伏式的波浪运动。这种起伏就像山峦的起伏一样，高处叫峰，低处叫谷，即波动的最高点叫波峰，最低点叫波谷。两个相邻的波峰之间的距离，就是波在一个周期里所走的距离，这个距离叫波长。我们已经说过，所谓频率，就是波在一秒钟内有多少个周期。知道了波长，又知道了频率，就能算出波在一秒钟内走多少距离，这就叫波速。列成公式便是：

波速＝波长 × 频率

从这个公式，我们还可以看出，如果波速不变，波长和频率是一个反比的关系，即：波长越短，频率越高；波长越长，频率越低。

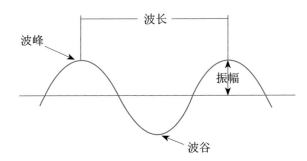

这个公式在生产实践中很有用处。人们知道了波速，便可以利用这个公式进行波长和频率间的互相换算。

例如，已知电波的速度是每秒 30 万千米，普通电线上传输的发电厂发出的用于照明的交流电的频率为五十赫，求它的波长。应用这个公式，以每秒 30 万千米除以每秒五十周，得出波长为六千千米。用同样的方法，我们还能算出，频率为十吉赫（即每秒一百亿周）的雷达电波，它的波长是 0.03 米，即三厘米。

人在检查身体的时候，都要量身长（或者叫身高）。人在衡量周围事物的时候，也常常用自己的身长作为标准。比如，"稻田里的水有脚背那样浅""游泳池里的水齐胸深""围墙有一人多高"等等。电波的波长也可以起尺子的作用。譬如，人们说一条照明线路相当于十分之一波长，就是说它有 6000 千米的十分之一，即这条线路长为 600 千米。

用电波的波长来表示的物体的尺寸，在科学上常称为"电长度"。例如，有一段几千米长的电线，在人们的心目中，便是很长的了。但是用它来传送电波的时候，不能笼统地看，得用波长来度量。如果用它来传送照明用的五十赫的交流电，前面已经知道，这种交流电的波长是六千千米。那么，几千米的电线，在这个"尺子"面前就显得"很短"了。反过来，如果是传送波长为三厘米的雷达电波，那么，不要说几千米，即使是几米，也是"很长"的了。这就是无线电工程中所用的长和短的概念。这真是"尺有所短，寸有所长"呵！

奇妙的物质

电波是一种物质。它不仅占据空间，并且像世界上其他的物质一样，也具有能量、动量和质量。但是它又和我们日常生活中接触到的物质不同，有它自己的特殊性质。这也就是人们往往觉得它很神秘的原因。

举例来说，一般物质的质量都是很具体的，比如一克水，一公斤棉花，50公斤水泥，你可以用手摸着它们，掂掂它们的分量，估估它们的体积。所以，你觉得它们实实在在地存在着。

电波却是高速（每秒 30 万千米）运动着的物质，它没有静止的质量，不像水、棉花、水泥那样，可以静止地放在那里，称称重量。电波还看不见、摸不着、嗅不到，可是它的的确确存在着，通过特定的仪器，你会看到它做的工作，真好像童话中的"隐身人"。

又比如说，一个地方放了一张桌子，就不能再放另一张桌子；已经站了一个人的地方，就不能再站另一个人。电波却不同，在你周围，既有黑白电视的电波，又有彩色电视的电波；既有中央人民广播电台的电波，又有省市人民广播电台的电波。你用你的收音机或电视机可以接收其中的任何一个。它们混在一起，存在于同一空间。也就是说，在已经有了一种电波的同一个地方，还可以有其他的电波存在。

电与磁的连环谜题

磁的故事

电波虽然具有这些奇异的性质，但是电波的运动规律是可以认识的。

为了揭开电波的奥秘，我们先从电和磁的现象说起。了解电和磁的现象是了解电波运动的基础，正像我们学习代数，必须先懂得四则运算一样。

我国是最早认识磁现象的国家。远在两千多年前的春秋战国时代，人们就发现了一种能吸铁的"石头"，最初人们称它为"慈石"，因为它吸引铁就像慈祥的母亲吸引孩子一样，后来才称它为"磁石"。这就是我们今天所说的磁铁，通俗的名字叫"吸铁石"。

大家知道，每块磁铁都有两个极，一头叫"S极"，另一头叫"N极"。地球也是一个大磁体，在南北两头也是不同的磁极，靠近地理北极的是地磁南极，靠近地理南极的是地磁北极。两块磁铁之间，同性磁极相排斥，异性磁极相吸引，这在今天已经是常识了，可是在古代则是令人惊奇的事。据古书记载，汉武帝的时候，胶东有个叫栾大的人用磁石做了一副斗棋，这种棋子一放到棋盘上就会互相碰撞。汉武帝看见了大为惊奇，不明白是怎么一回事。

既然地球是个大磁体，根据同性相斥、异性相吸的道理，在地球上任何地方，一根可以自由旋转的磁针，在静止的时候，它的N极就总是指向北方，S极总是指向南方。最早利用这个性质来指示方位的也是我国。所以，全世界都公认指南针是我国古代的伟大发明。

我国北宋时期著名的大科学家沈括在他的科学文献《梦溪笔谈》中，曾经记载了使用指南针的几种方法。这也是世界上最早的记录。今天，在崇山峻岭里寻矿探宝的勘探队员，在辽阔广大的国土上普查土地的测绘人员，还使用这种辨别方向的仪器，不过人们已经习惯地称它为"指北针"了。

司南

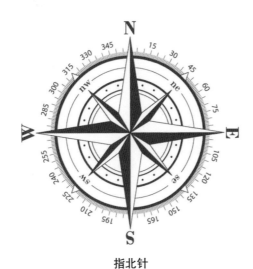

指北针

电的故事

电现象的发现也和磁现象一样古老。早在两千多年前，我国和外国都有人发现摩擦琥珀可以吸引毛发、纸屑，但是限于当时的科学水平，没有对这个现象进行进一步研究。欧洲人是从十六世纪末开始研究的。公元 1600 年，英国医生吉尔伯特发现：不仅琥珀被摩擦以后有吸引力，其他一些东西，像金刚石、硫磺、火漆、玻璃等，用毛皮、丝绸摩擦以后，也能吸引又轻又小的物体。于是，他根据希腊语"琥珀"的字根，给这种吸引力造了一个新词，叫作"电"，后来又有人叫"电荷"。

磁铁和带电的物体都有吸引力，但是这两样东西又有很大的不同：自然界里存在着永磁体——磁铁，却并不存在"永电体"。除了天空中的雷电，电现象只有用人工的方法才能"产生"；而且，最初只知道一种产生电的方法——摩擦。

人们通过试验，又进一步发现：用绸片摩擦玻璃棒产生的电，和用毛皮摩擦琥珀产生的电，是两种不同的电。人们把它们分别称为"玻璃电"和"琥珀电"，后来才把它们分别称为正电（阳电）和负电（阴电）。这两种电也有同性相斥、异性相吸的特点。

那么，电是从哪里来的呢？

经过研究，人们才知道：原来电荷并不是人造出来的，而是一切物质里本来就有的。任何物质都是由原子组成的，原子的中心是原子核，带正电；原子核外面，有若干个绕着它旋转的电子，带负电。一般情况下，两种电荷数量相等，彼此中和，电的性质并不显出来。人们用毛皮摩擦琥珀，毛皮的原子里的电子就有一些转移到琥珀表面的各个原子里，琥珀的电子（即负电荷）多了，就带负电；而毛皮的电子少了，就带正电。人们用绸片摩擦玻璃棒，情况正好相反，玻璃棒的原子里的电子，有一些转移到绸片上，玻璃棒就带正电，绸片就带负电。

在金属的原子中，外层电子和原子核的联系不紧密，因此这些电子可以在金属中自由移动，人们称它们为"自由电子"。这种自由电子多得难以想象。比如，一立方厘米的金属里的自由电子，你就是数一辈子也数不完。假定你一秒钟能数一千亿个自由电子，即使昼夜不停地数，你也得数上三十年，才能基本上数清。可是，人一秒钟要数十几个数都是十分困难的！

当一根金属棒靠近一个带电体的时候，这些自由电子就会移动。如果带电体带正电，金属棒里的自由电子就会向离带电体近的一头移动，金属棒的这一头就带负电，而另一头就带正电。如果带电体带负电，情况就正好相反。这种现象叫作"静电感应"。带电体拿走以后，自由电子又往回跑，金属棒又不带电了。如果在带电体被拿走之前，把金属棒切为两半，感应的电荷就保存下来了。

两个带异性电荷的带电体接近到一定程度，就会产生放电现象。自然界中的雷电现象，就是两朵带异性电荷的云相互接近的缘故。这个道理现在听起来很简单，但是人类经过了长期的摸索才弄清楚。

在雷雨中放风筝的人

大家都知道，风和日丽的春天，是最适合放风筝的季节。可是在 1752 年，北美的费拉台尔菲亚城却有个"怪人"，在夏天选了个雷声隆隆、电光闪闪的时刻去放风筝。

本杰明·富兰克林

他不是别人，正是有名的电学先驱、美国科学家本杰明·富兰克林。他这次放风筝不是做游戏，而是冒着触电的危险，进行一次重要的科学实验——吸取天电的实验。这就是电学史上著名的"费城实验"。

雷电，这个自然界中壮丽而凶猛的现象，几千年来，曾经给人类的生命、财产带来过无数次惨痛的损失。如：1769 年夏天，在意大利的威尼斯城，雷电曾经毁灭了一座圣拿撒勒神殿。十九世纪在法国，有一次雷电在田野里一下子击死了一百二十六头羊。雷电击死人的事，历史上也有不少记载。

古时候科学不发达，人们对于雷电现象无法理解。迷信的人说这是"雷公电母发脾气"，是上帝对罪人的惩罚。一直到富兰克林生活的时代，人们对雷电现象仍然不能做出科学的解释。甚至连一些有名的学者还说打雷闪电是"毒气爆炸"。

富兰克林敢于探索雷电的真相。他认为，天上的雷电不过是一种流动的电荷，它跟摩擦所产生的静电本质上是一样的。为了探明真理，他冒着生命危险做了这次风筝实验。事后，他在一封信里叙述了实验的情况。信中写道："当带着雷电的云来到风筝上面的时候，尖细的铁丝立即从云中吸取电火，而风筝和绳索就全部带了电，绳索上的松散纤维向四周直立开来，可以被靠近的手指所吸引。当雨点打湿了风筝和绳索，以致电火可以自由传导的时候，你可以发现，它大量地从钥匙向你的指节流过来。从这个钥匙，可以使莱顿瓶充电；用所得到的电火，可以点燃酒精，也可以进行平常用摩擦过的玻璃棒或玻璃管来做的其他电气实验。于是，带着闪电的云和带电物体之间的相同之点，便完全被显示出来了。"

没有说完的故事

上面，我们分别讲了磁的故事和电的故事，现在该讲讲电和磁的关系了。

富兰克林证明了雷电是电荷的流动，简称"电流"。但是，雷电所产生的这种电流是极其短暂而无法控制的。要进一步揭开电的秘密，就必须找到持续地产生电流的方法。科学家们为了这个目的，不断地研究、探索。1799年，意大利物理学家伏打发明了电池。从这时候起，人们能够用化学方法来得到电流。这为研究电的科学打开了方便之门。

奥斯特

1820年，有一天，丹麦物理学家奥斯特用金属导线连接伏打电池的时候，突然发现一个奇异的现象：导线旁边的磁针发生了偏转。这就是说，当导线里有电流流动的时候，导线就会同磁铁一样具有磁力，会使磁针发生偏转。从此，电和磁的内在联系开始被人们发现和抓住了。

电流会产生磁，这是多么了不起的发现呵！这个发现当时轰动了全世界的物理学界。我们今天所用的电磁铁，不管设备多么庞大，结构多么复杂，基本原理还是电可以生磁。

既然电流能产生磁，那么磁能不能产生电流呢？这是又一个带根本性的问题，需要科学家们去探索。

自从奥斯特发现电生磁的现象以后，英国物理学家迈克尔·法拉第就产生了要用磁产生电的念头。因为他看到，到那时候为止，人们还只能用伏打电池得到有限的电流，而且成本很高。自然界中有的是磁铁，如果能用磁铁产生出电流来，那该多好呵！他为这个目的奋斗了十年。一开始，他把磁铁放到用导线圈成的线圈中，导线里没有产生电流；他又用磁铁同导线直接接触，也没有产生电流。他做了好多次试验，都失败了。他并不灰心，仍旧不断地试验。

笔记栏

法拉第

　　1831年10月的一天，坚忍不拔的法拉第终于取得了成功。他用一根很长的导线绕成圆筒，又用一根磁铁棒插进去。他发现，在插进和抽出的一瞬间，连在导线两端的电流计指针发生偏转。经过多次试验，他得出结论：磁铁在线圈里不动是不会产生电流的，只有在运动的时候才产生电流；运动得越快，产生的电流越大。他把这种电流称为"感应电流"。后来，他又改变试验方法，把线圈放在磁铁的两极之间，然后旋转线圈，线圈旋转的时候，产生了持续不断的电流。这就是现代感应发电机的老祖宗。

　　法拉第没有满足于已经取得的成功，他继续进行探索。他要对电和磁之间的作用做出科学的解释。由于产生感应电流的时候，导线和磁铁并没有直接接触，许多人认为这种感应作用是"超距"的，就是说是直接越过空间发生作用的，不需要经过中间物质传递，而且不需要花时间，瞬时即可达到。

　　法拉第不同意这种观点。1837年，他提出了电场和磁场的概念。他认为电和磁的周围有一种称为"场"的东西存在，电和磁作用，就是靠它来传递的。举例来说，静止的电荷在它的周围会激发电场，它对其他物体的作用（比如吸引或者排斥）是靠这电场传递的。同样，磁铁或运动的电荷（即电流）在其周围会激发磁场，它们对其他物体的作用就靠磁场来传递。电场和磁场都是物质的一种存在形式，它和其他物体接触才发生作用。这就否定了当时流行的超距论，为以后建立统一的电磁理论打下了基础。

为了形象地表达电场和磁场这两个概念，1852 年，法拉第又引入了电力线和磁力线的概念。他用许多带箭头的线条来表示场的情况，线条的疏密表示场的强弱，箭头方向表示场作用的方向。例如，一个带正电荷的带电体，它在周围激发电场，它的电力线是向四面八方辐射的，箭头向外。而一个带负电荷的带电体，它的电力线箭头则是向内的。电力线都是散开的，说明离带电体越远电场越弱，也就是说另外一个带电体在越远的地方受到的力量就越小。两个带相反电荷的带电体产生的电场的电力线，从正电荷发出，到负电荷终止。

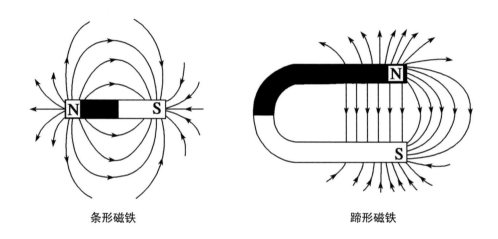

条形磁铁　　　　　　　　　　　　蹄形磁铁

磁力线的画法和电力线相似，情况却不相同。这是因为，正电荷和负电荷可以分开，而磁铁的 N 极和 S 极却不能分开。因此，磁铁产生的磁场，它的磁力线是打圈的，也就是说，从 N 极出发经过外面到 S 极，再由磁铁内部回到 N 极。如果你拿一块磁铁，把它放在撒满铁屑的硬纸板下面，然后轻轻地敲击纸板，铁屑就会排成一个对称的图形。这是显示磁场结构或者磁力线的一种实验方法。

电流产生的磁场和磁铁产生的磁场相似，也是打圈的。一个用导线绕成的圆筒产生的磁场，它的磁力线形状同一个棒形磁铁的磁力线一样：圆筒一头相当于 N 极，另一头相当于 S 极，磁力线仍然是从 N 极出发，从外面到 S 极，再穿过圆筒里面回到 N 极。于是，磁力线同导线之间（也就是磁力线同电流之间，因为电流就沿着导线在流）就像两个连在一起的铁链环节那样互相套着，这种情况，科学上称为"交链"。如果是一根直的有电流通过的导线，磁力线就围绕着它打圈，画出图来，就是以导线为圆心的一个个同心圆。

有了磁力线这个概念以后，我们就可以比较形象地说明导线里的感应电流是怎么产生的了。只有在导线切割磁力线的时候（就像用刀切线绳那样），才会有感应电流。也就是说，只有跟导线交链的磁力线处在时多时少、变化不定的情况下，才会产生感应电流。换句话说，就是变化的磁场才会感应而产生电流。这就是现代一切发电机的理论和实验的依据。

1867 年 8 月 25 日，近代电磁学的奠基人法拉第与世长辞了。他临死前还在思考这样一个问题："磁力的传递果真不需要花时间吗？"他不相信这一点，但是他自己来不及证明了，只好把他的想法连同他多年辛勤劳动创造出来的精密实验仪器一起，留给了后人。他死了，但是他用伟大的一生所写的电和磁的发展史并没有结束。人们沿着他的足迹继续前进，电和磁的故事在继续发展。

笔记栏

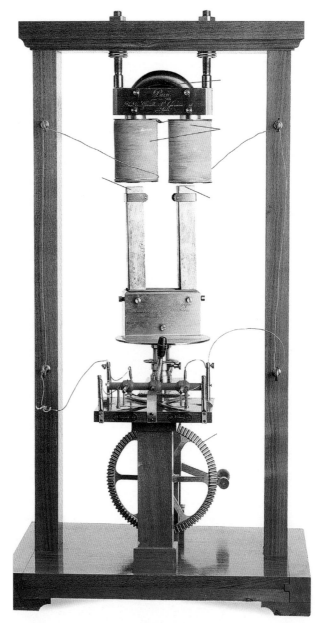

永磁发电机

科学的预言

　　"电和磁之间到底是怎样相互产生的？电磁力的传递到底要不要时间？"

　　英国物理学家克拉克·麦克斯韦继续研究了法拉第没有完全解决的这个问题。

　　法拉第是一位实验大师，而麦克斯韦则是个理论家。他总结了前人的实验结果，把电和磁的关系用数学公式表示出来，这就是著名的麦克斯韦方程组。麦克斯韦通过他的科学计算，预言了电磁波的存在，并且算出了电磁波传播的速度。这样，他就解决了电磁力的传递是否需要时间的问题。

　　麦克斯韦是怎样解决这些问题的呢？

　　麦克斯韦仔细地研究了电磁感应现象，他认为：变化着的磁场之所以能在导线中产生感应电流，是因为变化着的磁场在其周围产生了电场；这个电场使导线中的自由电子受到力的作用，自由电子就沿着导线运动起来，产生了感应电流。根据他的观点，电磁感应的本质是变化的磁场产生电场，有导线的地方是这样，没有导线的地方也是这样。这就把法拉第的结论推广到了普遍适用的程度。这是麦克斯韦对电磁理论做的第一个伟大贡献。

　　下面介绍麦克斯韦的第二个伟大贡献。前面说过，丹麦物理学家奥斯特已经发现运动的电荷会产生磁场。麦克斯韦在奥斯特的基础上进一步研究：除了在导体

麦克斯韦

25

中运动的电荷（即传导电流）以外，还有没能产生磁场的东西。研究的结果是，他认为变化的电场跟传导电流一样，也能产生磁场，所以也可以给它起个电流名字，叫作"位移电流"。

1873 年，麦克斯韦在病中坚持写成了他的科学巨著《电学与磁学》。在这本书里，他根据数学推导得出了结论：变化的电场在其附近产生变化的磁场，这个变化的磁场又在其附近产生变化的电场，新产生的这个变化的电场再在附近产生变化的磁场……这样继续交变下去，就一点一点地越来越往外扩散，越传越远了。这种情况，同我们在前面讲过的水波一样，所以也可以称为波。因为它是由电场和磁场组成的，当然应该叫电磁波。

麦克斯韦还根据他的理论，算出了电磁波传播的速度，它在真空中是每秒 30 万千米。这和科学家们用实验方法测出的光的速度完全一样。于是，他得出结论：光也是电磁波，是一种能引起视觉的电磁波。把光与电磁波统一起来，是麦克斯韦对电磁理论的又一伟大贡献。

现在还有一个谜

　　麦克斯韦的理论刚刚发表的时候，电磁波的存在只是一种猜想，许多人对它是怀疑的。人们问道："谁见过电磁波？它是什么模样？拿出来看看！"

　　也有一些科学家相信麦克斯韦的理论，并且想方设法来证明它。1887年，德国物理学家赫兹（就是人们用他的名字做频率单位的那个人）做了一次重要的实验，第一次用人工方法产生了电磁波。从此，麦克斯韦的理论更加受到了人们的重视。

　　麦克斯韦的电磁理论对科学技术的发展，起了极大的推动作用。没有麦克斯韦的理论，就不会有后来的无线电通信，也不会有现代的电声广播和电视广播。直到今天，无线电技术中遇到的大部分电磁现象，还必须用麦克斯韦的理论来解释。

　　看了上面说的这些，你大概十分佩服麦克斯韦的聪明才智。你看，他由变化的磁场产生电场，联想到变化的电场产生磁场；又由有导线的范围，联想到没有导线的空间，并且又都找到了它们之间的变化规律。爱动脑筋的少年朋友可能会问：麦克斯韦为什么不由电荷产生电场，想出一个让磁荷产生磁场的理论来呢？是他没有想到呢，还是实际上没有呢？

　　是的，应该这么问一问。科学上的新成果，常常就是因为人们不满足于现有的结论，提出了一个个的"为什么"，经过不断地探索、研究才取得的。

　　关于磁荷的问题，麦克斯韦做了否定的回答。过去的实验和麦克斯韦方程都告诉我们，电力线是有头有尾的，起于正电荷，止于负电荷。而磁力线是无头无尾的，也就是并不需要起止于磁荷。到目前为止，人们还只发现有单独存在的电荷，而磁极总是成对地出现的：有一个S极，就有一个N极；把一个磁铁分成两段或几段，它们每一段还是两个极。目前，人们还拿不出一个单独的磁极（"磁单极子"或"磁单荷"）来。

是不是一定没有磁单极子呢？从1931年起，就有人提出了这样的疑问，科学家至今还不能做肯定的回答。有人认为有。1973年，美国就有人宣布在高空发现了它的踪迹；另外有一派人则认为根据不足。许多人希望有一天能"捉住"磁单极子。据说，如果能把足够多的磁单极子贮存起来，那么，地球磁场对这种单极子群所产生的吸引和排斥作用，就足以推动舰船横渡海洋。这是多么吸引人的幻想呵！

电波解语：从正弦波开始

笔记栏

给电波画像

空气是无色、无味、无形的气体。人们看不见它，嗅不出它，也摸不着它。可是没有哪个少年朋友怀疑它的存在，因为我们已经懂得了关于空气的许多知识，对它很熟悉。

电波其实也和空气一样，它虽然无色、无味、无形，也的的确确存在于我们的周围。可是一提起电波，许多少年朋友都感到难以想象，对它很陌生。造成这种情况，是因为我们对电波的知识懂得太少了。

为了熟悉电波，为了使电波在我们脑海里更为形象化，能不能根据电波的特性给它"画"个像呢？

可以的。我们可以根据电力线和磁力线的概念，给它画个像。画出来的像是这样的：电力线套着磁力线，磁力线再套电力线，这样一圈一圈地交替套下去，电波也就越传越远了。

这样的力线图可真像一环套一环的铁链子。电场和磁场则像一对不可分离的孪生兄弟，手挽着手奔驰向前。

也有另一种画法，就是画一圈圈的同心圆。就像把石头扔进水里激起了一圈圈水波那样。圆圈越来越大，就表示电波传向了远方。不过，这一个个圈圈并不代表电力线或磁力线。这种线，在科学上另有一个名字，叫"波前"。波向前传，就是波的前沿在推进。

还有一种画法，就是沿着水平方向，画一根有起有伏、起伏交替、连绵不断的线，就像绳子被抖动的形状。这种线条也不代表电力线或磁力线，而是叫

"波形"，即波的形状。关于波前和波形，我们在后面还要细说，这里不过先提一提。

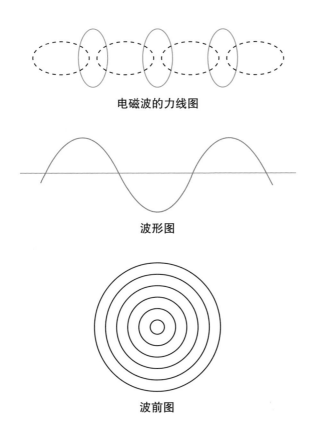

电磁波的力线图

波形图

波前图

笔记栏

谁跑得最快

电波是世界上跑得最快的物质。它每秒钟跑 30 万千米，快得惊人！

大家知道，绕地球赤道走一圈的路程是四万多千米，这就是说，电波一秒钟就能绕地球七圈半。地球上相隔最远的两点之间的距离是两万千米，坐喷气飞机飞完这段距离差不多要一天，但是电波只需要十五分之一秒就走完了。你看它的速度多么快！

电波的速度（也就是光速）还被认为是自然界里物质运动最快的速度。所以有人称它为"绝对速度"。

和电波比起来，声波的速度就慢得多了。声波在空气中的速度，大约是每秒 330 多米。假如你站在山岗上唱歌，离你一千米的人在三秒钟以后能听见歌声；而离你三千米的人就要在九秒钟以后才能听见歌声。距离越远，时间差就越大。由电波传送的无线电广播就大不一样，例如，中央人民广播电台的发射台设在北京，但是祖国的边远地区，不管离北京有几千千米，都能和北京的听众在几乎相同的时间听到同一节目。

电波的高速度，能创造出叫你想象不到的奇迹。假如你坐在首都剧场听诗歌朗诵，而我在广州的收音机旁收听实况广播，试问，谁先听到演员朗诵的声音？你可能想不到，先听到朗诵的竟不是坐在剧场里的你，而是远在广州的我。

这是什么缘故呢？从北京到广州虽然相隔千里之遥，但是这段距离是由电波传送的。电波的速度极快，从北京到广州不过用了几十分之一秒钟。距离虽然很远，时间的差异却微不足道。你虽然坐在剧场里，但是你和扩音器之间的距离，比我和收音机之间的距离要远十几米或几十米，这段距离是由声波传送的。声波比电波慢得多，只要距离相差十几米或几十米，时间上便分出了先后。

你也许会问：电波的速度永远都是每秒 30 万千米吗？不是的，电波的传播速度和它经过的环境有关系。严格地说，每秒 30 万千米是电波在真空中的传播速度；在空气中传播稍稍慢一点儿，相差极其微小，可以略去不计。如果在土壤中传播，电波的速度就差不多要减低一半，大约每秒只有 15 万千米左右。

水中光速是空气中的四分之三，光在经过交界面时波长变化，但频率没有改变

33

一张空白信纸

　　如果你爸爸出差到外地去了，你一定很希望收到他的信，希望他在信里谈一些你不知道的新鲜事。信里包含的内容越多，你了解到的事情就越多，用科学的术语来说，就是信息量越大。

　　假如你爸爸粗心大意，把一张空白信纸当作写好的信给你寄来了。你看了这张空白信纸，当然什么情况也没有了解到。用科学的术语来说，这封信的信息量就是零。

　　生活当中很少会发生这样的事情。举这个例只是为了说明：一张空白信纸的信息量是零，但是它是传送信息的基础。信的内容是写在信纸上的，没有信纸也就谈不上写信。换句话说，没有一张信息量为零的信纸，也就没有办法用信来传送信息。

　　在无线电技术中，也有类似空白信纸的东西，这就是本身不带任何信息的电波——正弦波。它是一种起伏特别规则、形状不断重复的波。严格说来，我们在前面讲过的频率、周期和波长这一些物理量，实际上只适用于正弦波。如果不是这种起伏规则、形状不断重复的正弦波，它的频率、周期和波长都在不断地变化，你到底按哪一秒钟来计算它的频率呢？

　　正弦波的一切特征都是固定不变的，它的特点，人们很容易了解清楚。例如，只要一说五十赫兹的正弦波，就等于已经告诉我们：它的频率是五十赫兹，周期为 0.02 秒，波长为六千千米。除此之外，它不再说明别的什么问题，也就是说，不带任何信息。如果你的收音机只是收到了这样的正弦波，那岂不就像收到了一张空白信纸一样，它不会给你带来任何消息。

那么，为什么要把它比喻为信纸，而不比喻为其他别的东西呢？这是因为，在无线电技术中，正弦波起的正是"信纸"的作用，也就是说，人们可以把消息"写"到正弦波上面。我们研究无线电技术，要从正弦波开始，正像我们要写信必须先买信纸一样。懂得了正弦波，我们才好进一步学习有关电波的各种知识。

那么，什么是正弦波呢？如果你学过《三角》这门数学，就比较好懂。所谓正弦波，就是指电场、磁场的大小随着时间做正弦变化的电波。如果你没有学过《三角》，给你打个比方也许就明白了。

你总看见过自行车吧！车轮以均匀的速度前进的时候，如果我们在轮胎上用粉笔画个白点，再假想一条通过轮轴的水平线，那么，这个白点和这条水平线的垂直距离是随着时间变化的；它在水平线之上的最大距离同它在水平线之下的最大距离是一样的。如果把它的运动轨迹画出来，就是一条正弦曲线，也就是正弦电磁波的波形。

正弦波有三个重要的因素。就是振幅、频率和相位。

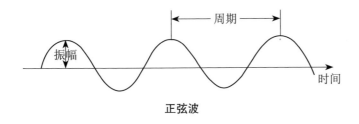

正弦波

振幅是什么？我们在前面不是讲过波峰和波谷吗，振幅就是波峰到横坐标轴的距离，也是波谷到横坐标轴的距离。在正弦波中，振幅是不变的。

至于频率，也是前面说过的，即每秒钟波动的次数。正弦波的频率也是不变的，由于周期是频率的倒数，所以周期也是不变的。

只有"相位"这个词，我们还是第一次提到。学过《三角》的人，一说便知道，它就是正弦所对应的那个角度。没有学过《三角》的人，只要认真看看

笔记栏

下面的解释，也是可以弄懂的。

粗略地说，相位就是波形上各个点的相对位置。譬如说，有一个地方产生了电波，我们称这个地方为"波源"。在相同的时间，并和波源距离也相同的地方，波的大小也相同。那么，它们在波形曲线上的相对位置也一样，就是说它们的相位相同。在空间，把相位相同的点连起来，就形成一个面，人们叫它为"等相位面"，或者"波前"。

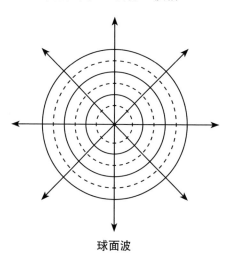

球面波

投石击水引起的波，它的波前就是一个个同心圆。电波在空间传播，就是说相位在移动，也就是它的等相位面在前进。一个大小一定的波源，在距离相等处相位就相等，距离相等的面是一个以波源为球心的圆球面，所以，它的等相位面就是个球面。这种等相位面是球面的波，就叫"球面波"。

看到这里，你可能会问："又是正弦波，又是球面波，到底该是什么波呀？"

其实这是不难明白的。正弦波是指波起伏的形状（即波形）像正弦曲线，而球面波是指波的等相位面（即波前）的形状是个球面。这是从不同角度来说的。

我们曾经给电波画过三个像，那就是力线图、波形图和波前图。在解释了相位问题以后，我们可以给电波再画一个像，这就是射线图。

人们在画太阳的时候，为了表示太阳射出万道金光，就在太阳周围画出一道道的射线。电波的第四种画法就是用射线来表示它的传播。当然，射线是跟波的等相位面垂直的。对于球面波，射线就是从球心发出的直线。

电波实际上是球面波，但是，在局部范围里，我们可以把它假想为平面波。就像地球实际上是球形，但是我们可以把地球的一部分——我们脚下的大地看成平面一样。比如，你在上海收听北京的中央人民广播电台的广播，如果以在北京的波源为球心，以北京到上海的距离为半径画一个大球面，这就是北京中央人民广播电台产生的电波的波前。而你的收音机所占的只是球面的很小很小的一部分，基本上可以认为是平面了。换句话说，从你收音机的角度来说，你可以认为你接收到的是平面波，即波前是平面的电波。

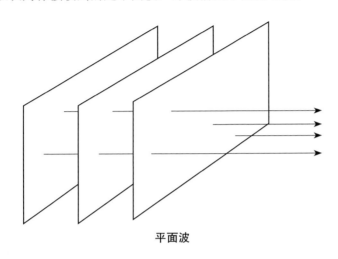

平面波

　　关于正弦波我们先说这么多。你也许已经看明白了，也许还不明白。也许就是这个"正弦"把你难住了，因为你可能没有学过《三角》；或者即使学过，也可能同具体事物联系不起来。不过，这也不要紧，这个问题可以暂时搁一搁，你只要把正弦波当作电波的一个名字就行了，就像记住你的同学叫什么名字一样。

　　如果人家要你画出正弦波的图形，你只要画一条像波浪一样的"～～～～"，画的时候，要求严格一点，把高低起伏画得一致点、平滑点，每段的距离也相等，这样，大致上就是一个正弦波形了。这是对你的起码要求，承认了正弦波的概念，再继续往下看，你才能理解下面说到的一些问题。

奇异的加法

现在要来说说"加法"，不过这里说的加法，不是算术的加法，而是正弦波的加法。

正弦波还能相加吗？

是的，正弦波可以相加。正由于它有这样可贵的性质，我们才说它像一张空白信纸，十分有用。人们可以用几个不同频率的正弦波相加起来，使它成为一个人们所需要的带有信息的信号。反过来说，一个有用的信号，可以看成若干正弦波之和。

正弦波的这个性质，是有名的法国数学家兼物理学家傅立叶发现的。这一发现，对于无线电技术的发展有非常重要的意义，可以说，没有这个发现，就谈不上无线电技术。

正弦波相加是怎么一回事呢？让我们从音叉说起。音叉是进行声学实验和测试人的听力的一种仪器。如果拿起一个音叉来一敲，它就会发生振动，从而引起周围空气的疏密波动，形成了某个频率的正弦声波。这个声波传到你的耳中，你就会听见一阵"嗡嗡……"声。

大小不同的音叉所产生的正弦声波，具有不同的频率。人的耳朵能听到的机械振动所激起的波，是有一定的频率范围的。这个范围是二十赫到二十千赫。人们把这个范围内的机械波叫声波；比二十赫低的，人们就叫它为"次声波"；比二十千赫高的，就叫"超声波"。

在日常生活中，人们给正弦声波的频率取了另外一个名字，叫"音调"或

"调子"。音调高就是频率高，听起来声音比较尖；音调低就是频率低，听起来声音比较钝。单一频率的正弦声波听起来是一个调子，例如"嗡嗡……"（较低音频），或"滴滴……"（较高音频）。这种单个音调自然是不大好听的，所以人们在日常生活中，常常用"单调"这个词来形容没有变化的、枯燥无味的事物。

那么，怎样才能好听呢？那就是不要"单调"，而要双调或多调。人的说话声和乐器发出的声音是许多不同频率的正弦声波相加而成的，所以听起来比较悦耳。一般说来，男人的嗓门粗一点，也就是低音频成分多一些；女人的嗓门尖一点，也就是高音频成分多一些。每个人发的声音所占的频率范围都不完全一样。熟悉的人给你打电话，你之所以能根据声音来判断他是谁，频率范围是个重要因素。这个频率范围，人们称为"音域"。歌唱家的音域比普通人宽得多。一群人合唱的时候，如果领唱人调子起得太高或太低，就会有一些人高不上去或低不下来，原因就是他们的音域不够宽。

乐器的音域就更宽，低音大提琴可以低到二十到三十赫，而双簧管则可以高到一万六千赫左右，人们打电话的时候，话音信号在二百到三千五百赫的频率范围之内，而一部交响乐则能覆盖整个声波频段，甚至还能包括一部分次声波和超声波。这部分次声波和超声波你虽然听不到，但据说对听神经还会起一些作用，能够增加你对音乐的美的感受。

那么，正弦波究竟是怎样加到一起的呢？

我们来看个简单的例子吧。如果有一个音叉，它产生一种频率的正弦声波，这时再有一个音叉，它产生另一种频率的正弦声波。于是，你听到的将是这两个正弦声波的合成声波。听起来，声音会有规律的由大变小，再由小变大，重复出现。这个有变化规律的、重复的频率，是这两个正弦声波的频率之差，科学上称为"差拍"。例如一个是一千赫，另一个是四百赫，差拍就是六百赫。频率成分在两种以上，它们相加起来情况就更复杂，但是基本道理是一样的。

在普通的收音机上，有一个音量调节旋钮，它是用来调节声音大小的。从

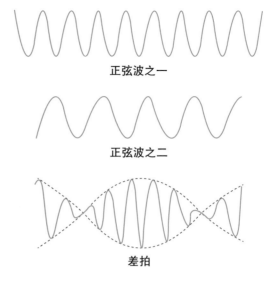

正弦波之一

正弦波之二

差拍

波的角度来说，它是在调节振幅。

在高级的收音机上，有一个或两个旋钮，是用来控制节目中各正弦波成分的比例的，也就是用来调整各种正弦波的振幅的相对大小的。如果抑制高音频成分，增强低音频成分，听起来声音就沉闷一些或浑厚一些；反过来，如果抑制低音频成分，增强高音频成分，听起来声音就清脆一些或刺耳一些。有的人把这种旋钮叫作"音调调节"，这是不确切的。因为，音调指的是频率；而它调节的不是频率，是振幅，是在调节各种频率成分的大小的比例，就像画图画的时候调配各种颜色的多少的比例一样。所以这种旋钮应该叫作"音色调节"。调颜色是为了好看，而调音色则是为了好听。

听不见的"声音"

收音机收到的并不是声波，而是电波。这个电波是在收音机里被变换出来的，它和声波具有相同的频率，人们叫它"音频电波"（简称"音频"）。音频电波的频率范围和声波一样，也是二十赫到二十千赫，不同的是：声波是机械振动，而音频电波是电磁波动。音频电波如果不经过收音机的变换，人的耳朵是听不到的，所以是"听不见的声音"。有线电话的电线上传输的，也是这种"听不见的声音"。

你也许会问：既然是"听不见的声音"，为什么我打电话的时候明明白白听得见呢？

这是因为声波和电波在电话机里进行了变换：送话器把声波变成电波，受话器又把电波变成声波。收音机里的扬声器（也就是喇叭）、舞台上的拾音器（也就是话筒）都是起声电变换作用的。无线电技术中叫它们为"电声器件"。

为什么要进行这种变换呢，直接传送声波不行吗？不行！首先遇到的问题是，声音在空气中传播的时候减弱得很快。根据科学实验，声音的强度和距离的平方成反比。举例来说，你站在田头上大声喊话，如果周围环境比较安静，一般说，百米之外的人还能听得清。假如距离增加到两倍，声音的强度就只有原来的四分之一，听不太清了；假如距离增加到五倍，声音的强度只有原来的二十五分之一，已经很微弱了。所以，靠声波向远处传话是不行的。

退一步说，就算声波不随距离而减弱，靠它来做远距离传话也不行，因为声波前进的速度只不过每秒三百三十多米。如果你在北京说话，即使声音的强度不减弱，在西安的人要一个小时以后才听得见。你想想看：要是你和在西安的朋友商量什么事情，你说一句话，要等一个小时才传到对方耳中；他回答你一句话，又得过一个小时才传到你耳中，来回说了两句话得花两小时，这不把人急坏了吗？所以，远距离通话，非利用电波不可。电波每秒钟前进 30 万千米；1000 多千米，它只要几百分之一秒就到了。这样少的时间，人几乎感觉不出来，这就保证了通话的连续感。另外，有线电话的电波是由电线传导的，减弱得比较慢，即使减弱了还可以把它放大。办法就是在线路上每隔一定的距离，安装一个"增音机"，把减弱了的电波再度增强。

看到这里，你会恍然大悟：怪道收音机能收到远地的广播，原来，收音机接收的就是这种音频电波呀！

你可想错了。电话里接收的音频电波是由电线传来的，而收音机收的是无线电波，这种电波的频率，要比音频电波高很多很多，它的名字叫高频电波（简称高频）。收音机收到高频电波以后，先要把它变换成音频电波，然后再把音频电波变换成声波，于是我们就听到广播的声音了。

你也许觉得奇怪，广播电台直接发射音频电波，不是可以减少一道变换吗？这样变过来变过去，岂不是自找麻烦吗？

不行！这个麻烦是不可避免的。这里面有很重要的科学道理，它是无线电广播的关键。如果当初人们认为这是"自找麻烦"，不去研究怎样把音频变换成高频，又怎样把高频变换成音频，那也就不会有今天的无线电广播和其他无线电技术了。

下面，我们就说一说这里面的科学道理。

有志者事竟成

　　你可能还记得：还在 1887 年，德国物理学家赫兹就通过实验，第一次用人工方法产生了电磁波。但是，当时许多科学家都没有认识这一发现的重要性，连赫兹本人也没有找到实现无线电通信的方法。他最后竟说：电波的确存在，不过没有什么用处。

　　但是，也有一些人并不迷信这位物理权威的话。他们为了利用电波来通信，进行了勇敢的探索。在这方面，俄国人波波夫和意大利人马可尼做出了卓越的贡献。

　　波波夫是俄国一个水雷学校的教员。1895 年 5 月 7 日，他在彼得堡的一次学术会议上，用他发明的雷电指示器，做了一次重要的实验。雷电指示器十分简单，它包括一个玻璃管子和一只电铃，管子里装了一些金属粉末。当雷电发生的时候，天空中传来了电波，管子里的金属粉末就会活跃起来，排列紧凑，让电流顺利通过，使电铃发出响声。这实际上是世界上第一个接收无线电波的装置。不过，它接收的并不是人工产生的电波，而是自然界的电波。

　　赫兹的实验，证明电波可以发射；波波夫的实验，证明电波可以接收。这样，发射电波和接收电波的办法都有了，这就为实现无线电通信创造了条件。

　　1896 年，波波夫用他制造的原始的无线电报设备，在相距二百多米的建筑物之间实现了无线电通信。同一年，马可尼也制成了一套原始的无线电报设备。1901 年底，马可尼在英法海峡之间实现了无线电报通信。有志者事竟成！波波夫和马可尼不满足于前人的结论，敢于创新，勇于实践，终于开创了人类

笔记栏

运用无线电技术的新时代。

无线电，无线电，就是说，不用电线就能把电从一个地方传到另一个地方。也就是说，完成无线电通信任务的关键，是电波能够离开产生它的波源，飞向目的地。这个过程在无线电技术中称为"辐射"。试想，如果广播电台的电波不能辐射出来，你的收音机又有什么用呢？

那么，怎样才能使电波痛痛快快地辐射出去呢？这就需要频率高。因为，从前面提到过的麦克斯韦方程可以知道：电场和磁场变化越快，产生的场就越强，辐射出去的能量就越大，也就是说辐射能力越强。而电磁场变化的快慢是由波源的频率决定的。因此，我们可以得出这样一个结论：

频率越高，辐射能力越强。

音频电波的频率是电磁波中频率最低的那一段（所以又称"低频"），因此辐射能力也最弱，传不远。为了提高辐射能力。就需要把音频变换成高频。所以，广播电台发射出去的电波（也就是你的收音机收到的电波）的频率都比音频高得多。

这里，又产生了一个新问题：前面说过，人的耳朵只能听到音频声波，这个音频声波必须由音频电波转换过来。现在，广播电台把音频电波变成了高频电波，收音机收到这种高频电波有什么用呢？它并不能变成音频声波呀！

这里应当告诉你，广播电台发射的高频电波，就载着音频电波。打个比方，音频电波好比是人，高频电波好比是飞机，人跑不远，但是人可以坐上飞机飞到远方，再从飞机上下来，干他自己要干的事。音频电波也是这样，它自己不能穿过空间飞出去，但是它可以"乘"上高频电波，飞过空间，到了收音机里再从高频电波上卸下来，变成音频声波，完成传送广播节目的任务。很明显，如果没有高频电波充当运载它的工具，它就不能完成无线电广播的任务。所以人们常把高频电波叫载波。

这样看来，我们应该着重研究研究：高频电波是怎样运载音频电波的。

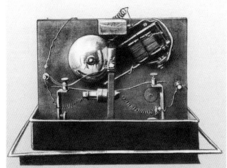

波波夫及其发明

马可尼及其发明

横放的葫芦

一张空白的信纸不能算一封信。但是，信必需有字写在信纸上，没有信纸也就写不成信。

正弦波就是这样的"空白信纸"，它虽然不带任何信息，但是可以作为信息的运载者，你可以在上面"写字"和"画画"。这种方法在无线电技术中叫作"调制"。具体一点说，就是用音频电波来调制高频正弦波。

怎样调制呢？调制出来的电波又是什么样子呢？这里，我们用大家经常接触的电声广播和电视广播来说明这个问题。

先说电声广播。电声广播，就是用收音机收听的只有声音、没有图像的广播。过去人们一说"广播"，指的就是它。后来，由于电视广播越来越普及，人们就把过去那种单有声音的广播明确称为"电声广播"，同电视广播有所区别。不过在习惯上，人们仍旧把电声广播简称为"广播"，而把电视广播简称为"电视"。

电声广播一般采用的调制方法叫作"调幅法"。

什么叫"调幅"呢？"调"就是调节（或者说改变）的意思，"幅"就是振幅——正弦波的振幅。连起来说，"调幅"就是调节正弦波的振幅。用什么去调幅呢？就是用音频电波（也叫音频信号）。广播电台先把要播送的节目变成音频信号，再用音频信号去调节高频正弦波。

振幅经过调节的载波，如果画出图来，有点像一个横放的葫芦。本来，高频正弦载波的各个波峰和波谷都是一般高低的，由于用了音频信号去调幅，波峰和波谷就随着信号变得有高有低了。这时候，载波的频率并没有变，只有它的振幅随着音频信号在变化。这种振幅已经被调制过的波，叫做"已调波"。

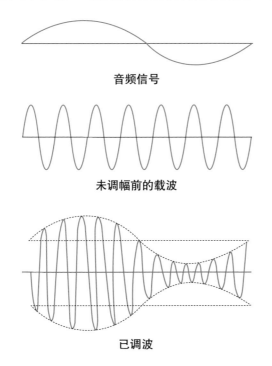

音频信号

未调幅前的载波

已调波

如果用来调幅的音频信号是个单一频率的正弦信号，得到的已调波就变成是由三个不同频率的正弦波组成的波。这三个频率成分是：

第一个：载频，即载波的频率；

第二个：下边频，即载波频率减音频频率；

第三个：上边频，即载波频率加音频频率。

你也许觉得奇怪：刚才不是说调幅就是调节正弦波的振幅吗？既然只是调振幅，又没调频率，为什么频率也变了？

这一点应该解释一下。你还记得《一张空白信纸》那一节里讲的正弦波吗？在那里，我们曾经说过，正弦波是上下起伏一致的、平滑的、周期重复的波。也就是说，一个正弦波，只有当它的振幅不变的时候，才是真正的正弦波。如果振幅是变化的，那它必然是几个正弦波相加的结果。分析和测量都表明：用单一的音频信号去调制载波的振幅，得到的已调波正好是由三个不同频率的高频正弦波组成的，一个是载波，另一个频率比载波稍高一点，还有一个频率比载波稍低一点。

例如，用频率为四百赫（即 0.4 千赫）的音频信号去调制频率为一千千赫的载波，得到的已调波的三个频率成分是：

载频：1000 千赫

下边频：1000 千赫－ 0.4 千赫＝ 999.6 千赫

上边频：1000 千赫＋ 0.4 千赫＝ 1000.4 千赫

画成一个图，就是载频站在中间，左右两边对称地站着下边频和上边频。就像一个大人牵着两个小孩一样。这种图在无线电技术中叫作"频谱图"。各种无线电信号都有它自己的频谱图，人们一看这个图就知道它包括哪些频率成分，以及它同其他信号的区别。

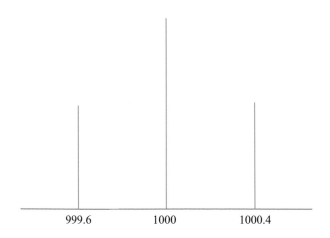

我们在《奇异的加法》一节中曾经提到那位数学家兼物理学家傅立叶，他的伟大贡献之一，就是发明了分析频谱的数学方法："傅立叶级数"和"傅立叶积分"。运用这些方法，可以把一个复杂的信号，分解成若干个简单的正

弦波。今天，每一个研究无线电技术的人，都要学习这种方法。

在上面这个例子里，已调波的频率范围（习惯上称为"频段"或"频带"）是 999.6 — 1000.4 千赫。这个频带的宽度（简称"带宽"）是：

1000.4 千赫－999.6 千赫＝0.8 千赫

当然，人们收听的节目不可能只有一种音频信号，多种频信号也组成了一个频带，比如从二十赫到五千赫。因此已调波中除了载频没有变以外，上、下边频就变成了上、下边带：

下边带：从 1000 千赫－5 千赫＝905 千赫

到 1000 千赫－0.02 千赫＝999.98 千赫

上边带：从 1000 千赫＋0.02 千赫＝1000.02 千赫

到 1000 千赫＋5 千赫 ＝1005 千赫

这个已调波所占的带宽就是：

1005 千赫－995 千赫＝10 千赫

你可能会问："为什么要计算这些数字？它们有什么用？"

有用！因为经过这样的计算，我们可以看出：由广播电台发射的调幅波所占的频带宽度，正是它所需要广播的最高信号频率的两倍。

在同一个地区的两个广播电台，它们所占的频带必须分开，不然就要互相干扰。这种同频干扰，再好的收音机也没有办法区分它们。为此，世界各国都遵守一个共同的规定：每个调幅的电声广播电台，只能占十千赫的"地盘"。

被压缩的弹簧

在电声广播中，除了使用调节振幅的办法以外，还可以使用调节频率（简称"调频"）的办法。

在调频的办法中，音频信号不是用来调制载波的振幅，而是用来调制它的频率。这样得来的已调波，振幅保持不变，而频率则随着音频信号在变化。如果画出它的波形图，可以看到，它的波峰与波谷是整齐的，而各段的疏密却不一样。音频信号强的时候，波形就密，即频率变高；音频信号弱的时候，波形就稀，即频率变低。这种调频波的波形就像压缩得不均匀的弹簧那样。

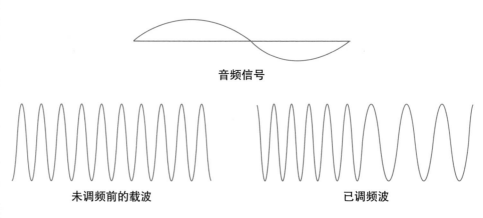

音频信号

未调频前的载波   已调频波

调频波和调幅波一样，都不是真正的正弦波了。调频波的波峰和波谷虽然还是整齐的，但是它已经不是周期永远不变的波。实际上它也是许多正弦波相加的结果，它的频谱则比调幅波复杂得多。除了原有的载频外，不仅产生载频加上音频的上边频和载频减去音频的下边频，还产生载频和音频的整数倍相加或相减的频率成分。人们把音频的整数倍称为音频的"谐波"，例如音频信号为四百赫，它的二倍频率就是八百赫，称为"二次谐波"，它的三倍频率就是一千二百赫，称为"三次谐波"。而一个典型的调频波就含有载波减去二次谐波、减去三次谐波、加上二次谐波、加上三次谐波等等频率成分。例如载波是一百兆赫（即一亿赫），音频为四百赫，于是新产生的频率成分有：

100 兆赫 - 400 赫，100 兆赫 + 400 赫，

100 兆赫 - 800 赫，100 兆赫 + 800 赫，

100 兆赫 - 1200 赫，100 兆赫 + 1200 赫，等等。如果用来调制的音频的强度再增加，甚至还会有更高次的（四次、五次……）谐波与载频相加或相减的成分。画出频谱图来就是中间一个载频，两边有一系列对称的边频，就像一个大人两边领着数目相同的一群孩子一样。

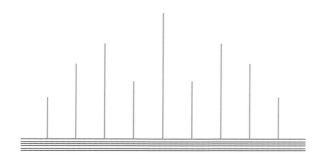

当你收听某一个电台的广播，如果声音嘈杂不清，这就是因为受到了别的和节目无关的电波的影响，人们把这种现象叫作"干扰"。调频广播比起调幅广播来，最大的优点就是抵抗干扰的能力强。因为干扰主要是影响振幅，对频率几乎没有影响，因此，调频电台的节目听起来就要清晰得多，好听得多。但是，调频波所占的频带宽度比调幅波宽得多，一般需要一百五十到二百千赫的带宽，也就是说，等于一二十个调幅广播所占的"地盘"。因此载波频率也要选高一些的，一般都在几十兆赫以上。

下面，我们再来简单地说一下电视广播的电波情况。

半个顶一个

电视广播的电波要比电声广播的电波复杂得多，因为要同时传送声音信号和图像信号。图像信号远比声音信号复杂，所占频带也要宽得多，通常为五十赫到六兆赫，等于声音信号的一千多倍。在无线电技术中，图像信号叫作视频信号。

电声广播是用电声器件把声波转换为音频电信号，然后去调制频率较高的高频正弦载波，然后再把这个已调波发射到空间去。同电声广播类似，电视广播则是把图像变成强弱不同（乃至色素不同）的光，再用光电器件把光转变为视频电信号，然后用它去调制高频正弦载波，最后把这个已调波发射到空间去。一般说来，载波频率要比调制信号频率高十来倍才行。既然图像信号的最高频率是六兆赫，那么，载频就至少要几十兆赫才行。

视频电波也是用调幅的方法调制的。由前面已经讲过的计算方法，我们可以知道，它的带宽是十二兆赫。这样宽的频带，所占"地盘"太大了。

那么，有没有办法能使频带变窄呢？

有！办法就是以部分代全体，半个顶一个，把信号频谱减半使用。

你也许会感到惊奇："信号频谱怎么可以减半使用呢！要知道这可是传送图像呀。如果传送一个人的像，你去掉一半，岂不是变成独臂、独腿、独眼的人啦？那怎么行！"

这点不要担心，打个比方一说，你就会明白了。假使有一个人，他的两只手都拿着相同的图片，你要知道他拿的是什么图片，是必须两只手都看呢？还

52

是只看一只就行了？当然看一只就行了。

调幅波的情况和这个比方相似。我们在前面讲过，调幅波是由载频和上边带、下边带组成的。上边带是由载频加上视频组成，下边带是由载频减去视频组成。也就是说，上边带和下边带都带有视频信号，而且它们是同一个信号。这不是很像一个人两只手都拿着相同的图片么？

所以，从实际需要来说，其实只要发射和接收一个边带就行了。在无线电技术中，把只收发一个边带的办法叫作"单边带"收发。在专用的通信电台中常用单边带通信。而一般的电声广播是载波和上、下边带一起收发。这是因为，制造上、下边带一起接收的收音机，要比制造接收单边带的收音机简单得多，因而成本便宜得多，适合群众需要。好在电声广播的频带本来就不太宽，上、下边带一起收发，虽然浪费，浪费还不算太大。

可是在电视广播中，两个边带一起收发，浪费就大了。所以，最好是只收发一个边带。可是这样一来，制造电视接收机（简称电视机）又太复杂，成本就会过高。怎么办呢？科学家们想了一个折中的办法，就是去掉下边带，但是又不全去掉，而保留其中较低频的部分。这种电波叫作"残留边带波"，意思说，它既不是双边带，又不是单边带，而是一个边带加上另一个边带的残留部分。我国第一代电视广播收发的图像电波就是这种残留边带波。

如果电视广播只是传送图像信号，那就跟无声电影一样，没有多大意思。为了有声，电视广播还必须收发伴音信号。我国电视的伴音信号也是用调频的办法来调制载波的。为了保证伴音和图像互不干扰，根据图像信号的最高频率是六兆赫，因此，规定伴音的载波比图像的载波高 6.5 兆赫。

图像、伴音以及其他控制信号合起来，才叫"全电视信号"。它占的频带宽度是八兆赫。比如，从 56.5 到 64.5 兆赫这样一个频率范围我们称为"频道"，即频率的通道。在电视广播中，每一套电视节目必须单独使用一个频道。如果一个地区同时播好几套电视节目，就得使用好几个频道。

热闹的大集体

我们平常说的无线电波，就是指载有声音信号或图像信号的电波，实际上，它们只是无线电波的一小部分。整个无线电波是一个热闹的大集体。根据波长或频率的不同，无线电波可以划分为 14 个不同的波段或频段：

序号	频段名称	频率范围	波段名称	波长范围
-1	至低频	0.03～0.3 赫	至长波或千兆米波	10000～1000 兆米
0	至低频	0.3～3 赫	至长波或百兆米波	1000～100 兆米
1	极低频	3～30 赫	极长波	100～10 兆米
2	超低频	30～300 赫	超长波	10～1 兆米
3	特低频	300～3000 赫	特长波	1000～100 千米
4	甚低频	3～30 千赫	甚长波	100～10 千米
5	低频	30～300 千赫	长波	10～1 千米
6	中频	300～3000 千赫	中波	1000～100 米
7	高频	3～30 兆赫	短波	100～10 米
8	甚高频	30～300 兆赫	米波	10～1 米
9	特高频	300～3000 兆赫	分米波	10～1 分米
10	超高频	3～30 吉赫	厘米波	10～1 厘米
11	极高频	30～300 吉赫	毫米波	10～1 毫米
12	至高频	300～3000 吉赫	丝米波或亚毫米波	10～1 丝米

从技术上说波长越短，实现难度越大。所以人类利用无线电波的历史，简单来说就是向越来越短的波长进军的历史。学术上，把波长在 10 米以下的无

线电波统称为"微波"。就是说它们都是波长微小的无线电波，也就是说它们都是频率很高的无线电波。

微波是人类最迟开发的无线电波，也是用途最广、潜力最大的无线电波。从这个表上，我们可以看出：从至长波到短波，所有波段加在一起，频带宽度只有三十兆赫；而微波波段则是它们的十万倍，频带宽度大得惊人。即使分为 5 个小波段，这些小波段也还是很宽的。就拿厘米波段来说吧，它的频率是从 3 吉赫到 30 吉赫，频带宽度是 27 吉赫，相当于从至长波到短波各波段频带宽度总和的九百倍。所以有时候，人们还把这些小波段进一步划分成"小小波段"，例如"三厘米波段""五厘米波段"等等。

从这张表上，我们可以看到，无线电波的波长最短是 1 丝米。有没有波长比 1 丝米更短的呢？

不但有，而且还不少。我们在前面说过，无线电波是电磁波。现在，我们要告诉大家：在整个电磁波谱上，无线电波只是其中的一部分。凡是波长小于 1 丝米的电磁波，就不算无线电波了；它的计量单位也不用米、分米和厘米，甚至也不用毫米和丝米，而是用一种比它们小很多很多的单位——埃（一埃等于一亿分之一厘米。此命名是为了纪念光谱学的奠基人、瑞典物理学家安德斯·埃格斯特朗）。

下面，我们按照波长逐渐变长的顺序，排一张连续的电磁波谱：

名称	波长
伽马射线	小于 1 埃
X 射线	1 ～ 100 埃
紫外线	100 ～ 3900 埃
可见光	3900 ～ 7700 埃
红外线	7700 埃～ 1 丝米
无线电波	大于 1 丝米

飞翔吧，电波！

把电波解放出来

现在，我们再回过头来专门讲讲无线电波问题。

不知道你们见过没有？每个广播电台都有一些高耸入云的"铁塔"；每个电视台的大楼上都有一些像"铁锅"一样的东西。

这些"铁塔"和"铁锅"，在无线电技术中叫作"天线"。它们的作用，就是把无线电波从"波源"辐射出去。

所谓波源，顾名思义，就是无线电波的源泉。在无线电技术中，波源和前面讲的接收机对应，又叫作"发射机"。它的主要功能就是产生一个被信号调制了的高频电磁振荡，把这种高频电磁振荡送到发射天线，由它把无线电波辐射出去。发射机里用来产生高频电磁振荡的电路，叫"振荡电路"。

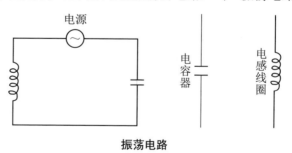

振荡电路

振荡电路通常是由线圈和电容器组成的。线圈是用导线绕成的螺旋形的圈，它是用来贮存磁场能量的（就是法拉第用来做电磁感应实验的那种线圈，所以又叫电感线圈）。电容器是两组交叉排列的金属板（最简单的就是两个极板），它是用来贮存电场能量的。

我们用一个电源在振荡电路中激起了电振荡，磁场能量和电场能量就在线圈和电容器间交变，形成我们所需要的高频电磁振荡。

一般振荡电路是一种"封闭"的结构，就是说，它的电场能量集中在电容器里，磁场能量集中在线圈里，没有相互交链，也没有分布在整个空间，所以不能辐射到空中去。

为了把电磁波辐射出去，就必须把"封闭系统"变成"开放系统"，把电波从振荡电路里解放出来。办法是把电感线圈拉直，使磁场弥漫到空间，同时把电容器极板拉开，使电场弥漫到空间。这样电场和磁场就彼此交链，"手挽着手"奔向天空。这样的开放系统把电波送到了天上，所以就称为天线。

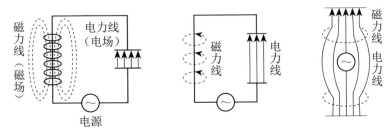

封闭结构变成开放结构

发射长波和中波的天线，实际上并不是一根线，而是大家见惯了的"大铁塔"。由于中波波段中最短的波长也有 100 米，所以，铁塔的粗细和它相比，仍然是很小很小的，可以说就像一根线。到了短波波段，天线的确成为一根线了。这类粗细远小于波长的天线，我们都统称为"线天线"。可是，当波长再缩短，短到微波波段，天线又变成一个大铁架或一口大"铁锅"了。电视台楼顶上安装的大"铁锅"，就是这种天线。它们的面积和波长相差不多，甚至更大，所以就称为"面天线"。

面天线是根据波的反射原理设计的。下面就来谈谈这个问题。

山谷的回声

去过山区的少年朋友，大概都有过这样的体验：站在山谷里，面对群山，高声呼喊，就会听到悠扬的回声，好像有几个人相继呼喊一样。

回声是什么？就是声波的反射。其实，不光是声波，其他的波在传播过程中，如果碰到了障碍物（物理学上叫作不同物质的交界面），都会产生反射。比如，把一根绳子的一端固定在墙上，你拿着绳子的另一端一抖，你会看到，抖绳引起的机械波沿绳前进，碰到了墙壁就会有一个波朝相反的方向传来。

再比如，利用一面小镜子，你可以把一束阳光反射到原先没有阳光的地方。电波也是这样，它在前进中遇到了障碍物，也会产生反射。

波的反射是有规律的：

第一，入射角（入射线和法线即垂直于反射面的线的夹角）和反射角（反射线与法线的夹角）相等；

第二，入射线、反射线在法线的两侧，而且三线在同一平面内。

这个规律也适用于曲面。这时要找反射面，只需过反射点作一个与曲面相切的平面就行了。在各种反射曲面中，人们最喜欢用抛物面。

什么叫抛物面？抛物面是由抛物线构成的。如果你向斜上方抛一块石头，它所走的路径是一条曲线，这种曲线就称为"抛物线"。这种抛物线平移构成的面称为"抛物柱面"，如果抛物线围绕过它的顶点的垂线（也称为"轴"）旋转就得到"旋转抛物面"，简称"抛物面"。

抛物面对波的反射有个特点，那就是：如果有一束平行于它的轴的射线，射到它的凹面上，这些射线经过反射后，都会相交于轴上的一点，这种现象我们称之为"聚焦"；这一点也就称为"焦点"。反过来，如果把一个波源放在焦点上，那么，它射向抛物面的射线经过反射，就都平行于抛物面的轴。

人们日常用的手电筒就运用了这个原理。在手电筒上，小灯泡正好放在抛物面反射镜的焦点上。本来，小灯泡的光是向四面八方散射的，经过抛物面反射镜的反射，它就变成平行的射线，沿着一定的方向前进了。这种定向发射的能力叫作抛物面的定向性或集束性。聚光灯、探照灯都是利用这种特性设计的。

在无线电技术中，抛物面的反射特性也是十分有用的。你看过军事上用的雷达吗？雷达发射电波的辐射器，就是抛物面形的金属板或金属网。从发射机送来的电波，通过一个照射器先射到这个金属板或金属网上，然后再辐射出去。这种抛物面形的金属板或金属网，虽然形状不像线，但是也叫"天线"。

再仔细研究一下，我们还会发现：如果通过焦点，作一个跟轴垂直的平面，那么，从焦点发出的所有射线，经过抛物面的反射，再反射到这个平面上，它们的长度都是相等的。这就是说，从焦点发出的球面波，经过反射，到达这个平面的时候，走的路程是相同的。也就是该平面上波的相位相同。前面我们曾经说过：等相位面是平面的波称为平面波。这样，抛物面的作用本质上就是把球面波变成了平面波。

不那么简单

说到这里，细心的少年朋友在懂得了波的反射规律以后，恐怕还会提出一大堆别的问题！

电波遇到障碍物的时候，是不是一定会被反射呢？

一根细木棍插在水里，为什么水波竟会绕开木棍继续前进呢？

光波射到玻璃窗上，为什么只有一小部分反射回来，大部分却透过玻璃继续前进呢？

是啊！波的运动的确不那么简单。波在遇到障碍物的时候不仅被反射，在不同的情况下，还会绕射、折射和透射。

如果障碍物的尺寸大于波长，波就被反射；如果障碍物的尺寸小于波长，波就会绕射。细木棍不能阻挡水波前进，就是因为细木棍的直径小于水波的波长。但是，如果立在水中的不是细木棍，而是一座巨大的桥墩，那么水波就会激起浪花，这就是桥墩对水波起了反射作用。

光波的波长比水波小得多。我们在前面说过，它是用"埃"（一亿分之一厘米）作为度量单位的。可见光的波长范围是 3900 到 7700 埃。既然光的波长如此之短，一面小小的镜子当然也比光的波长大得多，所以镜子对光波就产生反射作用。无线电波的波长比光波长得多，所以，用来反射无线电波的反射器，尺寸要比一面小镜子大得多。例如，微波抛物面反射器的直径，往往大到几米、几十米。

在一般情况下，波从一种物质射到另一种物质的时候，往往同时产生反射现象和透射现象。也就是说，射到不同物质交界面的波分成了两部分：一部分反射回来，一部分透射进去。不过这两部分的比例不是固定不变的，要看波碰到的是什么物质。例如，光波碰到玻璃，是透射强而反射弱；而碰到银箔，就是透射弱而反射强。所以，人们用玻璃做窗子，而用涂了银箔的玻璃做镜子。

波从一种物质垂直进入另一种物质的时候，不会在两种物质的交界面上改变方向。但是如果斜着进入的时候，就会在交界面上改变方向——这种现象叫做波的折射。

折射现象听起来似乎很玄妙，其实十分平常。只要你拿一支筷子插入水中，你就会看到它好像弯了一样：水外的部分和水里的部分不在一条直线上。同样，在清清的小河边，你看到河底的深度比实际的深度要浅一些。这种错觉也是光的折射作用造成的。

人们戴的眼镜，也是利用折射原理做成的。在无线电技术中，常常也给天线戴上"眼镜"，起集束电波的作用。这种天线称为"透镜天线"。

雨后彩虹

夏天，天空中有时候会出现一条美丽的彩虹。彩虹总是在下雨前后出现，因为下雨前后，天空中飘浮着很多细小的水滴。彩虹就是这些水滴造成的一种现象。

我们还可以通过一个小小的实验来证明：背着太阳，用喷雾器向空中喷水，如果喷出的水滴很细很均匀，就可以看到和天上一样的彩虹，只是小得多。

为什么弥散在空气中的水滴，能将白色的阳光分成了从紫到红七种颜色呢？

这是因为，太阳光里包含着七种不同颜色的人眼可见的光，简称为"可见光"。这七种颜色的光波长都不同，大致划分如下，但各色之间是连续变化的。

紫光　　　　3900～4350 埃

蓝光　　　　4350～4550 埃

青光　　　　4550～4920 埃

绿光　　　　4920～5770 埃

黄光　　　　5770～5970 埃

橙光　　　　5970～6220 埃

红光　　　　6220～7700 埃

各种颜色的光由于波长不同，它们在水滴中前进的速度也不同，因而折射的情况也就不同。经过水滴的折射，本来混在一起成为白光的各种颜色的光，就"分道"而行，形成了美丽的彩虹。

把几种不同颜色的光从白光中分离开来，在光学上叫作光的"色散"现象。

光波和无线电波都是电磁波。光波会发生色散现象，无线电波有时候也会发生"色散"现象。色散会使无线电信号失真，因为信号的不同频率成分走的快慢不一样了！

不寻常的概念

　　我们平常把能够导电的物体，例如金、银、铜、铁等，叫作导体。电线就是用导体做的。把不导电的物体，例如胶木板、橡皮、陶瓷等，叫作绝缘体。

　　可是，在无线电技术中，人们把绝缘体叫作"介电体"。组成介电体的物质简称为"介质"，更具体一点，叫"介电媒质"。和这个名称相对应，导体就叫"导电媒质"。一个物质是导电还是介电，也不是绝对的。例如土壤，干燥的时候导电性就差；潮湿的时候导电性就好。

　　电波在介质、导体中的传播情况和电流不同。电波在导体中是传不远的，导体的导电性越好，电波越是传不远。如果是理想的导体，电波就根本传不进去，这个现象在无线电技术中称为"集肤效应"。肤就是"皮肤"，意思是"表面"。集肤，就是聚集在表面上进不去。所以在无线电设备中，有些元件怕受电波的影响，人们就把它们装在封闭的金属盒里，这金属盒就叫作"电磁屏蔽盒"。如你有兴趣，也可以做一个这样的实验：把你的收音机装在铝锅里，盖上盖子，收音机就收不到电台的广播了。你看，导体能导电，却不能透过电波。

　　反过来，如果一个物体导电性越差（或者说介电性越好）电波就越容易在里面传播，可以传得越远。如果是理想的介质，那电波就畅通无阻了。你看看，介质不导电，电波却可以在里面传播。这种性质，叫介质的穿透性。

　　在生产实践中，人们利用介质的穿透性和导体的集肤性，可以做好多事情。

例如：粮食就是一种介质，在大型的粮食仓库里，如何防止粮食受潮霉烂是一个很重要的问题。人工翻晒是十分费事的，利用电波对介质的穿透性来烘干粮食就省事得多。高频电波能够穿透粮食，粮食分子里的正电荷和负电荷，受到高频电波交变的斥力和吸力的影响来回运动，于是摩擦生热，能把粮食烘干。

工厂里生产刀子，总希望刀口硬，不要一砍东西就卷刃；又希望它韧性好，不要一砍东西就断了。使刀口变硬，一般都用"淬火"的办法，就是把刀烧红，立刻放在水里或特殊的油里，使它迅速冷却。淬火的结果，刀口是变硬了，但是刀身也变脆了，容易缺口或断裂，因为淬火的过程中，刀身和刀口经过了同样的处理，硬度增加了，脆性也增加了。如果利用高频电波来"淬火"，由于导体的集肤性，刀子只是表层迅速加热，迅速冷却，只是表层变硬，内部韧性仍然很好，就不容易断裂。

这里只举两个例子，实际上利用电波还能做很多事情。

拥挤的天空

古往今来，人们一说到"天"，往往就要和"空"连起来。什么"海阔凭鱼跃，天高任鸟飞"呀，什么"仰望蓝天，晴空万里"呀……谁会认为天空是拥挤的呢？

可是对于电波来说，天空并不空，相反，天空拥挤得很。假如你有一双神话中的"慧眼"能看见电波，那么，你会发现各种频率的电波充满了整个空间，它们交叉重叠，你挤我撞；它们弥漫在整个空间，真个是无所不在。天空的热闹情形，比起那车水马龙、熙熙攘攘的繁华都市，真是有过之而无不及。不信，请打开你的收音机，转动那调谐旋钮。这里是"滴滴滴……"，那里在"嗒嗒嗒……"，一处是婉转的歌声，一处是悠扬的乐曲，接着是一片"沙沙"的刺耳声，旁边却又是清脆的新闻广播。

这还只是窄窄的一个中波广播波段。要是加上短波波段，广播电台还要多得多。你知道世界各国有多少广播电台吗？你知道每个广播电台用多少个频率在广播吗？你知道除了广播电台之外，还有多少通信、导航的无线电台吗？

提出这一连串问题，并不是要你来回答。事实上，你也没法弄清楚这些问题。提出这些问题只是为了说明电波在空中拥挤的情况。大家知道，马路上的车辆太拥挤，就容易发生事故；空中的电波这样拥挤，会不会发生事故呢？也会发生事故！

有一年，美国第一枚导弹试飞。刚刚飞离地面它就掉下来了，造成了一场混乱。经过仔细的调查研究，人们才发现控制导弹下落的无线电波的频率，正巧和一个加油车库的控制自动开门设备的无线电波的频率一个样，车库一开门，导弹就落下来了。

再如国际上规定，轮船在海上遇难，必须用频率为五百千赫的无线电波呼救。如果有哪家电台用这个频率做别的用处，那就会给海上的抢救工作引起麻烦。

相隔不远的广播电台使用同一个频率也会互相干扰。你就想想吧！要是你的收音机在一个频率上同时收到两个节目，一个在广播新闻，另一个在唱戏，哪一个也听不清楚，你一定不愿意再听下去。

现在世界上无线电设备越来越多，而无线电波段却是有限的，天空越来越拥挤。为了避免互相干扰，不出事故，人们正在加紧研究科学地利用波谱的问题。

一方面：根据不同的需要和各个波段的特性，妥善地分配波谱，使各种业务在频率上错开，或者在时间、地域上错开。这当然是一个十分复杂的工作，小到一个单位、一个城市、一个地区，大到一个国家、一个洲、以至整个世界，都要有细致、周密的安排。现在，国际上和各个国家都设有专门机构进行这方面的工作。

另一方面：改进技术，努力缩小各个电台所占的频带宽度，使每个波段能够容纳更多的电台。例如前面提到的我国的电视频道本来需要十二兆赫带宽，现在压缩到只用八兆赫，这就节约了四兆赫。有些国家已经压缩到六兆赫。

另外，由于技术水平的限制，在无线电波的波谱上，毫米波段和亚毫米波段还没有被充分利用，大有潜力可挖。少年朋友们，希望你们努力学习科学文化知识，发展我国的无线电技术为祖国去开辟新的波段吧！

天外来客

浩渺无垠的天空，弥漫着数不清的电波。你以为所有的电波都是人发射上去的吗？不完全是！在宇宙空间，有很多星星在辐射无线电波；在地球的大气层里，有很多打雷闪电的云层也在辐射电波。

你也许以为，这些电波不是人类发射的，没有什么用处，不值得去研究。

如果这样，你就想错了。这一类电波不但值得研究，还应该大力研究。

1931年，美国贝尔电话实验室的青年工程师卡尔·詹斯基，利用无线电设备，收到了一个微弱而稳定的电波，它不是来自地球，而是来自太空。

这件事引起了许多人的兴趣。有人说："这是太空人拍来的电报，也许是要我们派人到他们那里联欢，也许是他们要到地球上来旅行。"有人认为这种太空人就是火星上的高级生物，他们甚至凭借幻想画出了火星人的形状。

经过科学家们的细心研究，断定詹斯基收到的电波来自太空中的半人马星座，可能是由于星系碰撞而发生的。詹斯基的发现，揭开了射电天文学的序幕。

科学家们发现，宇宙中的射电源不止半人马星座这一个，还有许许多多，它们辐射着不同频段、不同波形的无线电波。离我们最近的恒星——太阳，就是一个射电源。所以，地球上的微波天线一定不要对着太阳，否则就会受到严重的干扰，无法完成预定的任务。另外，太阳系的几个行星：金星、木星、火星等，以及地球的卫星——月亮也有射电辐射，不过比太阳弱多了。

真正强的射电源是在银河系中，例如仙后座、天鹅座、金牛座、双子座。

我们用光学望远镜永远也看不到银河系的中心，因为有太多的气体和尘埃隔在当中。这些星际物质虽然能遮住可见光，却挡不住无线电波。凭借无线电波，人类能够直接收集到那些星球的资料。

银河系以外的星系称为"河外星系"。现在已经发现，河外星系有数以千计的辐射无线电波的波源。

观察射电源，研究那些远离地球的星球，可以用射电望远镜。它实际上就是一座具有大型天线的无线电接收机。现在世界上已经建立了许多射电天文台。这些天文台利用射电望远镜接收太空来的无线电波，使人们"看"到了许多奇异的天体和奇异的天像，大大增加了人们对宇宙的知识。

太空来的无线电波，有时候也会给人带来麻烦。因为它有时也会窜到无线电接收机里，干扰广播和通信。

2016 年，500 米口径球面射电望远镜（FAST）在贵州省平塘县建成，它是迄今为止世界上口径最大的射电望远镜，被誉为"中国天眼"

还有哪些干扰

除了来自太空的宇宙干扰外，还有许许多多的干扰。

其中，雷电就是一种经常存在的天然干扰。它是云团和云团之间，或云团和地面之间产生火花放电辐射出来的。那雷声是它的声波部分；那闪电是它的可见光部分；还有你眼睛看不见、耳朵听不见的部分，那就是无线电波。它会强烈干扰长波和中波波段的广播和通信。干扰的大小，要看它离你的收音机是近还是远，离得近，干扰就大，离得远，干扰就小。喇叭里发出的喀喀声和沙沙声，就是这种干扰的反映。

热带地区是世界性雷电的发源地。世界上雷电现象最多的地区是非洲的赤道部分、美洲的赤道部分、马来群岛和印度斯坦等地。

我国疆土辽阔，在南方，雷电干扰比较厉害；在北方，雷电干扰就比较弱。不论在什么地方，闪电打雷的时候最好关上你的收音机。

有些干扰来自一些电器设备，例如，你在开关电灯的时候、插上或拔下电源插头的时候，收音机里也会发出喀喀声。这一类干扰人们叫作"工业干扰"。怎样降低这类干扰，也是无线电技术的研究课题。

有些干扰是人们故意制造的，例如，在军事上，敌对双方常常故意发射强大的电波，来干扰对方的通信、雷达等无线电设备。这种故意制造干扰的技术，属于现代电子战的范畴。

能再远一点吗？

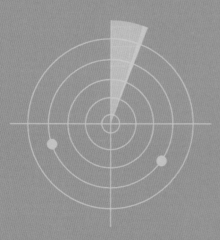

沿着地面跑

根据波长的不同，我们把无线电波划分为长波、中波、短波和微波。

根据传播方式的不同，我们又可以把无线电波划分为地波、天波、直射波和散射波。下面我们先来谈谈地波。

地波，就是沿着地球表面传播的电波，所以又可以叫作"地表面波"。

什么样的电波沿地面传播呢？

是长波和中波。

科学家们发现：天线架设的高度（也就是天线的长度），如果小于它所辐射的电波的波长，电波最大辐射方向就是地面。中波波段的波长是100米到1000米，长波波段是一千米到一万米。即使修一个几十层楼高的天线塔，和长波、中波的波长相比，也是不长的（用无线电工程的术语来说，电长度是小的）。所以，电台发射的中波和长波势必是沿着地面传播的。

地波沿着地面传播的时候，一边向前走，一边还向地下渗透。这就跟水在地面上流动的情况一样。如果你把一桶水倒在土地上，水一边往远处流，一边被地面吸收。吸收的快慢、多少和土地的干湿情况有关，干土吸收得又快又多，湿土吸收得比较慢也比较少。

电波沿地面传播也是这样。它不断地被地面吸收，也就是说，有一部分电波能量散失到地里去了。因此，电波在地面上越走越弱，走不了多远。

电波被地面吸收的情况，正好和水被地面吸收的情况一样：干土吸收得多，湿土吸收得少；如果是海面，那就吸收得更少了。道理就是前面讲过的：

物体的导电性能越强，吸收电波就越少。海水的导电性能比湿土强，比干土更强，吸收电波比前二者都少，所以电波在海上比在陆地上走得远。

如果地面情况一样，电波的波长和它传播的距离有没有关系呢？

有关系！实验证明：电波的波长越短，越容易被地面吸收，波长越长，传得越远。举例来说，波长为一万米的电波，就比波长为一千米的电波传得远。

波长一百米到一千米属于中波波段。中波没有长波传得远，所以最适合地区性广播电台使用。

根据国际规定：中波广播所用的频段限于 535 ～ 1605 千赫。它一共才只有：

1605 千赫 - 535 千赫 = 1070 千赫

如果一个广播电台占十千赫，1070 千赫也不过容纳一百来个电台，这对全世界来说真是太少了。然而，正是由于中波的传播距离有限，相隔一定距离的地区便可重复使用相同的频率，而不会彼此干扰。

既然波长越长，地面吸收越小，也就能传得更远。所以在无线电技术发展的初期，一个最明显的趋势就是波长越用越长！到了 20 世纪 20 年代，有的电台使用的波长甚至达到了三万米左右。

笔记栏

先上天，后下地

从 20 年代到现在，又过去了很多年，人们在远距离通信中使用的波长，是不是更长了？

事实刚好相反，人们反而向更短的波长进军了。

事情是这样的：

在无线电技术发展的初期，无线电技术是一个新鲜而神奇的领域，它引起了许多人的兴趣。当时也有许多业余的无线电爱好者，他们就像今天的少年无线电爱好者一样，孜孜不倦地钻研无线电技术。他们搞了许多小型的无线电台。由于中波波段的宽度有限，这种业余电台一多，就给专业电台带来麻烦。例如：专业电台正在广播新闻，业余电台却在同一个频率上"嘀嘀嗒嗒"打电报，你想人们还能听得清广播的新闻吗？

为了保证专业电台的工作能够正常进行，有关部门就给业余无线电爱好者规定：不许在中波和长波的领域内搞试验，只许使用短波波段中的频率。

当时谁都知道，波长越短，地面的吸收就越厉害，短波沿地面传播几十千米就接收不到了。在短波领域内搞试验，似乎搞不出什么名堂来。

业余无线电爱好者们并不气馁，他们仍旧钻劲十足，在专业人员废弃不要的短波领域内，顽强地探索着。

正像中国一首古诗里说的："山穷水尽疑无路，柳暗花明又一村。"在无线电技术发展史上突然出现了一个奇迹：一天，一个业余无线电爱好者利用简陋的设备，居然收到了大西洋对岸发来的无线电短波。事后了解，这些短波信号还是一个电力很小的电台发射的。

听到这个消息的人们无不大吃一惊。人们一向认为长波传播的距离要比短波远得多，而这一回，短波竟然大大超过了长波。这是怎么一回事呢？难道过去的结论错了吗？

人们经过精心的研究，终于揭穿了这个谜。原来跨越大西洋的短波不是沿地球表面传来的，而是先上天，后下地，从一个新的途径传来的，靠的是"电离层"的反射。这个新发现把无线电技术又推到一个新阶段。从此，人们又利用短波进行远程通信和广播，并且把这种从"天上"反射来的波称为"天波"。直到现在，在短波波段上还拥挤着世界各国的电台。

电离层是什么东西？它为什么能反射短波？下面我们就来谈谈这个问题。

为什么业余无线电爱好者的代称是"HAM（火腿）"？

关于这一名称的来源有很多种解释。其中一种说法是，"HAM"可能是"amateur（业余）"一词的进化缩写。"amateur"变成"AM"，再变成"HAM"。

在20世纪初的美国，业余无线电爱好者有很多操作技法生疏，专业军用和商用电台的技术人员认为他们会干扰到专业电台的日常工作，因此业余无线电爱好者是不受重视和尊重的。最初这个词带有轻视意味。

到1920年左右，它逐渐从美国传播到其他英语国家。后来，世界各地的众多业余爱好者越来越多地用"HAM"来形容自己的身份，这个称呼已经完全脱离了最初的感情色彩。

电离层的秘密

　　人类居住的地球包围着厚厚的大气层。这个大气层好比是地球的外衣，它保护着生活在地球上的生物。如果没有这层外衣，太阳发出的紫外线和太空中的宇宙射线，就会大量地直接照射到我们身上，我们早就活不成了。幸亏大气把大部分的紫外线和宇宙射线挡住了，使它们到不了地球表面，剩下一小部分，对人类也就没有多大危害了。

　　大气层外层的大气，在太阳（主要是紫外线）的照射下，气体分子或原子里的电子，就有一个或几个跑了出来，成了自由电子。那些失去电子的分子或原子就成了带正电的离子，这就叫"电离"。我们头顶上 70 千米到四百五十千米的空中，就是这样厚厚的一层电离的空气层，简称"电离层"。

　　你也许会这么想：太阳天天都在照射着地球，空气天天电离，是不是整个大气层都会变成电离层？

　　实际情况不是这样。因为许多自由电子在和离子相碰的时候，又会复合成分子和原子。所以在太阳照射的时候，大气被电离；在背着太阳的时候，电离停止了，而复合还在继续进行。由于地球不停地自转，太阳照射的大气层在不断地变化，电离层也在不断地变化。

　　厚厚的大气层并不是上下都一样，它大体上可以分为三层：离地面 100 千米以下的主要成分是氮分子和氧分子；在离地面 100 千米到 200 千米的范围内，除了氮分子外，还有氧原子；200 千米以上是氮分子和氮原子。由于各层的构成不一样，于是电离层也相应地分为三层：70 到 90 千米的范围内是内层，夜间就消失了；100 到 120 千米范围内是中层，白天和夜间都有；而外层最先被电离，所以变化也最大，它的高度、厚度和电子密度，随着昼夜和季节而变化，还会受太阳内部情况（例如太阳黑子等）的影响。

电离层对电波起反射的作用。波长不同的电波，反射情况也不一样。电子密度越高的大气层，反射的波长越短。长波在内层反射，中波在中层反射，短波在外层反射。电离层对电波的吸收，和频率也有关系。频率越高，吸收越少。所以，短波的天波可以做远距离通信。

电离层对电波的吸收作用既跟波长有关系，也跟白天黑夜有关系。在白天，电离层能把中波几乎全部吸收掉，所以中波收音机在白天只能收到当地的电台，而夜里却能收到外省的电台。而对于短波，电离层就吸收得比较少，所以短波收音机不管白天黑夜都能收到远地的电台。不过，由于电离层变化不定，电波被反射回地面有时候强，有时候弱，所以人们收到的短波广播，声音总是忽大忽小，不大稳定。

对于波长比短波更短的微波，电离层就不能反射了。所以微波具有穿透电离层的本领，它能穿过大气层跑到太空中去。

微波既然不能被电离层反射回地面，是不是就没有什么用处了？不！它也很有用处。正是因为它能穿透电离层，我们就可以利用它同发射到太空去的宇宙飞船、人造卫星取得联系。对于微波来说，电离层好比是专为它开放的电磁天窗。有了这个天窗，人们就能窥探宇宙空间的秘密，开辟飞往其他星球的途径。

不过也要说明：并不是所有比短波波长更短的电波都能穿透电离层。科学家们发现，只有波长在一厘米以上，16 米到 30 米以下的电波，才能穿透电离层。大体上这就是我们前面提到的微波波段。科学家称为"射电天窗"；还有一个"光学天窗"，它能透过可见光和一部分紫外线、红外线。微波在军事上有很大作用，请看下面这个故事。

笔记栏

一场激烈的海战

故事发生在第二次世界大战当中。一个漆黑的深夜，在茫茫的太平洋上，美国海军舰队和日本海军舰队进行了一场激烈的海战。一位美国轻型巡洋舰的指挥官在战斗中做了实况记录。下面这几段都是从记录中摘出来的，虽然有些军事术语，但是大体意思是不难看懂的（每段开头的数字表示时间）。

"22:00 命令'搜索雷达'和'炮瞄雷达'不停地在 360° 范围内搜索。

"23:38 雷达对准了一群目标，方位 295，实际距离 14000 码（1 码＝ 91.44 厘米）。向导航员查对，证实所找到的目标不是陆地。

"23:39 雷达报告：找到五艘军舰，相对方位 065，真实方位 295，距离 13300 码。情况属实。炮弹上膛。

"23:42 主炮瞄准，根据跟踪雷达所指示的最大脉冲的目标，断定这是敌（指日本）先遣巡洋舰。右舷高炮则瞄准另外三艘军舰中的左数第二艘。这三艘军舰在巡洋舰之前，断定它为护卫驱逐舰。真实方位 140，距离 24 海里（1 海里＝ 1.8532 千米）。

"从雷达的连续跟踪，完全可以区分敌我军舰，而我方先遣驱逐舰正从右向预定位置前进。

"23:46 巡洋舰再次尾对敌舰，两座炮塔一齐轰击。主炮用雷达测距和操纵，集中火力对准巡洋舰后的前敌重型舰连续轰击。第一排炮是测量距离的跨射，但是也有几发命中。炮火连续轰击，每处落弹达一百发以上，在相当短的时间内，目标被舰中央的火光照亮了。几个军官初步确定它是一艘重型巡洋舰。

"23:50 敌舰下沉，它的螺旋推进器仍在旋转着，炮塔仍露出水面。

"高炮对准敌前的中央小舰开炮，射击方位略在主炮目标之左。炮火用雷达测距与操纵，在开火后一瞬间，雷达显示器的距离刻度上看见目标两旁有水花的回波，紧接着，目标从雷达显示器上消失，水花仍可见到。从其他观察站报告中得知，它是一艘驱逐舰，已被打成两截，沉下去了。

"23:51 用两炮射击上述高炮目标附近的另一目标，大概也是一艘驱逐舰。发现它爆炸后，下令'停止射击'，该目标在雷达屏幕上消失。此时，在目标区域看见至少有三艘敌舰被命中起火。

"23:53 对准前述目标左面的军舰开始射击，炮火全由雷达控制，黑夜没有照明。这艘舰的腰部发生爆炸，照亮了该舰中部。我们看到这是一艘两个烟囱的巡洋舰，它正对我们开火，给我们带来了一些损失，但是雷达仍然无恙。

"23:59 看到一艘敌驱逐舰起火。我们用雷达控制对它开炮轰击了两分钟。

"00:01 雷达荧光屏上目标消失。命令'停火'。"

少年朋友们，你们看，从二十三时四十六分到零时一分，短短十五分钟，一场海上遭遇战就结束了。美国舰队在雷达的帮助下，打沉了日本舰队的两艘巡洋舰和三艘驱逐舰。那时候雷达才开始应用，已经显示了它的巨大威力。难怪许多人把雷达称作"大炮的眼睛"。下面就来谈谈这种"大炮的眼睛"是怎样发挥作用的。

说说停停

雷达是利用微波的无线电设备。要想了解雷达为什么那样厉害，它究竟怎样起作用，这就需要谈谈微波的特点。

微波的一个重要特点，就是波长比较短，一般在 0.1 毫米到 10 米之间。微波在前进的路上，遇到比自己的波长大的物体，就会被反射，就像镜子反射光波一样。飞机、舰艇等，都比微波的波长大，微波遇到它们就会被反射。雷达就是利用微波的特点来工作的。它在搜索目标的时候，一面发射微波，一面连续改变方向。如果在某一个方向上收到了反射波，这个方向也就是目标的方位；确定了方位，同时又计算了微波来回的时间，便可以判定目标和雷达之间的距离（这个计算并不难，因为电波的速度是已知的：每秒 30 万千米）。

雷达发射的微波，虽然和广播电台发射的中波、短波一样，都是电波，但是它的波形和后两者都不一样。雷达不是那种连续不断的调幅波或调频波，而是一种有间断的波，简称"脉冲波"。

雷达为什么要发射这种脉冲波呢？因为只有这种波对反射回来的波没有妨碍。打个比方来说：你同另一个人对话，如果你一直不停地大声说话，那你就不可能听清对方的答话。对方只能在你闭嘴的时候，才能插话。所以，你如果要和别人交谈，那就必须说说停停。雷达也是这样，它发射很强的电波，然后又需要接收由目标反射回来的一部分很弱的回波。如果它连续不断地发射电波，就会使回波淹没在它自己的"喊声"中。因此，雷达在发射电波的过程中必须有间隔地留出间隙来接收回波。

雷达的发射时间和间隙时间是不相等的。前者越短越好；后者越长越好。雷达脉冲持续的时间一般是多少分之一微秒，而间隙时间却比发射时间长几百倍甚至几千倍。照这样的安排，雷达每秒钟仍能发几百个或几千个脉冲。

微秒是百万分之一秒，它是很短很短的了。必须短到这个地步，雷达才能顺利地完成任务。举例来说，如果雷达发射脉冲的持续时间是一微秒，在这段时间内，电波可以走 300 米路程（也就是 150 米距离的来回路程）。如果雷达的测量目标在 150 米之内，那么回波就会和雷达发出去的波重叠在一起，雷达就无法测量出目标的准确距离了。如果持续时间是二微秒，那么 300 米之内的目标也测不准了。这样的雷达就好像是个"远视眼"，看不清近处的东西。

因此，我们可以知道，雷达发射的时间越短，间隙的时间越长，它所能测的目标距离幅度就越大。

另外，由于雷达的任务是探测目标，它不需要像广播电台那样，向四面八方辐射电波，而只需要朝着特定的方向。这一点和手电筒很相像。所以雷达天线也有一个反射器，目的就是定向发射雷达的电波。

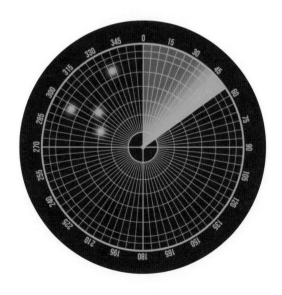

接力赛

微波的传播方式和长波、短波都不一样。长波沿着地面传播，并且具有绕射的能力，同时由于波长较长，地面吸收较慢，所以它能够传得比较远。短波被地面吸收得快，如果让短波沿着地面传播，便传不远，一般只有几十千米。但是，如果把短波射向高空的电离层，再由电离层反射到地面上来，就可以传到 1000 千米之外的地方去。微波既不能绕射，也不能被电离层反射，而是按直线前进的。大家知道，地面是一个球面，如果接收天线离发射天线比较远，两者之间就好像有一座拱形大桥挡着，直线前进的电波就过不去了。所以微波在地球上的直线传播距离比较短，一般只有几十千米。

可是和长波、中波比起来，微波有一个特殊的优点，就是它的频带宽度最大，是长波加短波的频带宽度的十万倍，可以容纳非常多的电台。有些占用频带较大的无线电技术（例如电视广播），就非用微波传送不可。

有没有办法让微波跑得更远呢？例如首都北京传送的电视节目，能不能让全国各地的人都能看到呢？

有！科学家们想出了"接力赛"的办法，就是从北京开始，每隔四五十千米，建立一个微波接力站（又叫"中继站"），它自动地把前一个站的信号接收下来，经过放大、整形，再转发到下一站。就这样，一站接一站，北京的电视节目就可以传到祖国边远的省市去了。

更上一层楼

接力的办法好是好，但是也有很大缺点。因为地球上有些地方是没法建立中继站的。例如：从我国上海到加拿大的温哥华，距离是九千多千米，中间隔着波涛汹涌的太平洋，如果每隔四五十千米建一个中继站，就得在海上建二百多个站，这在技术上和经济上都是做不到的。

还有没有别的办法呢？

有！科学家们从一个偶然的发现中找到了新办法。

谁都以为电视广播只能传送 50 千米左右，可是有一回，有人采用强定向天线，竟收到了几百千米以外的电视广播。

这个现象是偶然的，但是它既然发生了，就一定有深刻的科学道理。从 50 年代开始，许多科学家进行了研究，结果发现这个现象是由电波的散射造成的。

什么叫"散射"？简单说来，就是电波遇到障碍物的时候，并不是单朝一个方向反射，而是向四面八方反射。其实，这种散射现象在日常生活中就有。你从侧面能看见一束光所照射的物体，就是因为散射的光传进了你的眼睛。电波也可以散射，散射形成的波称为"散射波"。那个传到几百千米之外的电视信号，就是一种散射波，它是被空中的物体或物质散射到远处去的。

根据散射物的不同，散射的情况可以分为三种：

第一种是：对流层散射。

对流层就是从地面直到十几千米高度的大气层。在这一层里，大气的对流运动显著。风云变幻，雷雨交加，一切气象变化都发生在这一层中。

正是由于上下的气流和风的作用，使空气形成漩涡状的不均匀气团，它和周围气体在电性能上有差别，因而能引起电波的散射。产生散射的电波频率一般是在米波和厘米波段，传播距离是一百到八百千米。

第二种是：电离层散射。

在70到100千米高度的电离层中下层处，由于空气涡流运动和电离的不均匀性也会对电波产生散射作用。产生散射的电波频率一般为三十到一百兆赫，传播距离是一千到两千千米。

第三种是：流星余迹散射。

流星就是那种拖着明亮尾巴转瞬即逝的星星。虽然人们看到流星的机会并不多，但是据天文学家统计，每天堕入大气层的流星大约有八十亿个，你看多不多！流星中有一部分（也有上亿个）在80到120千米的高空使空气电离，形成一个临时的电离气柱。这就叫"流星余迹"。它存在的时间很短，大约是几毫秒到几秒。它能散射三十到一百兆赫的电波，传播距离是一千到两千千米。

"流星余迹"是转瞬即逝的，要利用它连续地进行无线电通信自然不行。科学家们想出了快速利用的方法：把需要发出去的信号事先记录在存储器中，等到合适的流星一出现，立即以比记录速度高几十倍的速度把信号发送出去。接收机也用同样的高速度把信号接收下来，再用记录速度把信号还原。

飞向太空

在地球的周围，还有一个巨大的散射体——月亮。它本身并不发光，但是它能散射太阳光。要是利用它来散射无线电波也许不错。可惜它离地球38万多千米，太远了。

但是，人们从月亮身上得到启发，可不可以搞一个"人造月亮"，使它离地球近一些呢？

可以的，这就是人造地球卫星。1960年，美国发射的一颗人造地球卫星——"回声1号"，它实际上就是一个大反射球。

利用"回声1号"来散射电波，行倒是行，不过信号太弱了，只有原来发射的百亿亿分之一回到了地球上的接收机中。

科学家们又创造了有电源的人造卫星，这就是所谓主动通信卫星。它其实就是一个悬在太空的微波中继站。地面站把信号电波发给它，它收到以后，利用太阳能电池供给的电力，把信号放大，再转发回地面。

科学家们经过进一步研究，又发现，如果把人造卫星放在地球赤道上空36000千米的轨道上，它就跟地球的自转"同步"，也就是说，它绕地球一周，地球也正好自转一周。这样，它就好像始终固定在地球某一地点的上空，所以又叫"静止卫星"。只要在地球赤道上空安放三颗这样的"静止卫星"，每隔一百二十度放一颗，就可以实现全球通信了。

截至 2019 年初，全球共有近 800 颗在轨通信卫星

最后再说几句

亲爱的少年朋友，关于电波，我们暂时讲到这里吧！

为了巩固已经学到的知识，希望你看了本书以后，再把它所讲到的基本概念回想一遍。如果你还有什么不清楚的地方，请你再回过头去看看书中有关的部分。下面就是供你参考的索引：

波是什么

——波动现象的普遍性、电波应用的广泛性、纵波、横波

波的计算

——周期和频率

尺有所短，寸有所长

——波长、电长度、波速和波长、频率间的关系

奇妙的物质

——电波的物质性

磁的故事

——发现磁现象的历史

电的故事

——发现电现象的历史

在雷雨中放风筝的人

——雷电的本质

没有说完的故事

笔记栏

——电流的磁效应，电磁感应，电场、磁场和力线的意义

科学的预言

——麦克斯韦的电磁学说

现在还有一个谜

——关于磁荷

给电波画像

——力线、波前和波形图

谁跑得最快

——有关波速的更广泛的知识

一张空白信纸

——正弦波的三要素以及球面波、平面波的概念

奇异的加法

——正弦波叠加、差拍、频带、音调、音色、音域的概念

听不见的"声音"

——声波与音频电波的变换

有志者事竟成

——无线电技术的发展史、辐射

横放的葫芦

——调幅波

被压缩的弹簧

——调频波

半个顶一个

——电视广播的电波

热闹的大集体

——电磁波谱和频段划分

把电波解放出来

——辐射结构

山谷的回声

——电波的反射

不那么简单

——透射、折射

雨后彩虹

——光谱和色散

不寻常的概念

——介质的穿透性、导体的集肤性

拥挤的天空

——波谱利用

天外来客

——宇宙干扰和射电天文

还有哪些干扰

——雷电干扰、工业干扰、电子战

沿着地面跑

——地波的传播

先上天，后下地

——天波的传播

电离层的秘密

——电离层和电磁天窗

一场激烈的海战

——微波的利用

说说停停

——直射波和雷达脉冲波的概念

接力赛

——微波中继站

更上一层楼

笔记栏

——对流层、电离层和流星余迹的散射

飞向太空

——卫星接力

最后还要告诉你：你看懂了这本书，那也不过是学到了一点关于电波的起码知识。如果把全部无线电电子学比作一座宏伟大厦的话，你不过是刚刚踏上了台阶，还没有入门。你千万不要自满，还应该更勤奋地学习，更努力地实践。

未来在向你们招手！

祖国在期待你们！

后记

　　"智能助手正在为你导航……"这是 2020 年的某个周末，此刻，你正在去往另一个城市的路上，司机询问了你的目的地后，启用 GPS 查看道路信息。你拿出手机，在网络世界打发时间。到达机场不久后飞机起飞，驾驶员不时与地面塔台进行无线电通话，保障飞行安全。下了飞机，你发送消息给家人报平安。这时你看到机场里正在安装新的通信设施，5G 网络很快就要在这个城市开通，它进入你居住的城市看来只是时间问题了。

　　这一切看起来平凡而又不可思议。"电波"携带比特的洪流，在我们的星球上空日夜穿梭，这"奇迹"早已成为了人类日常生活的一部分。实际上，电波作为通信工具，只有一百多年的历史。19 世纪末以来，无线电通信这一学科迅猛发展，在人类社会的各个领域大显身手，这在科技发展史上写下了浓墨重彩的一笔，同时也使我们的世界发生了巨大的变化。直至今日，5G 网络、万物互联……"电波"依然在不断地将梦想变为现实。

　　42 年前，一位无线电技术专家为了能够写出通俗易懂的科普作品，向青少年介绍电波通信的种种特性与神奇之处而绞尽脑汁、日思夜想。"怎么把抽象的问题形象化，怎么把高深的理论通俗化，怎么把用微积分、数学物理方程表达的问题用语言来表述而又能保持概念正确。甚至，怎么开头，怎么连贯，怎么结尾都是问题。"这本几万字的小册子，他花了一年的时间去细细打磨，一经问世便广受好评。这位作者就是甘本祓先生，这部作品就是后来影响了数百万无线电爱好者的《生活在电波之中》。

正如作者本人所说，"过去、现在和将来你都是生活在电波之中"，包括无线电通信在内的现代信息技术，已经成为了我们这个时代的知识基础。对这一领域，无论是谁，都应该拥有最基本的了解。人类社会的技术发展日新月异，其背后的自然规律却是始终如一的。甘本祓先生对无线电技术简明、系统而生动的诠释，随着时代发展与技术变迁，其启蒙价值反而愈加强烈，这也是我们重新出版这部作品的意义所在。

编　者

2020 年 8 月